Angela Meder

◼ **Gorillas**

Ökologie und Verhalten

Springer-Verlag
Berlin Heidelberg New York
London Paris Tokyo
Hong Kong Barcelona
Budapest

Mit 48 Abbildungen, davon 6 in Farbe

ISBN 3-540-56666-X
Springer-Verlag Berlin Heidelberg New York

Redaktion: Ilse Wittig, Heidelberg
Umschlaggestaltung: Bayerl & Ost, Frankfurt, unter Verwendung einer Illustration von Viesti/Bavaria
Innengestaltung: Andreas Gösling, Bärbel Wehner, Heidelberg
Herstellung: Andreas Gösling, Heidelberg
Satz: Datenkonvertierung durch Springer-Verlag
Druck: Druckhaus Beltz, Hemsbach
Bindearbeiten: J. Schäffer GmbH & Co. KG, Grünstadt
67/3130 – 5 4 3 2 1 0 – Gedruckt auf säurefreiem Papier

Inhaltsverzeichnis

Vorwort

Es gibt nur wenige Tierarten, die uns Menschen so in ihren Bann ziehen wie die größten Menschenaffen. Auch ich konnte mich dieser Faszination nicht entziehen, als ich begann, Gorillas zu beobachten. Doch nur sehr langsam erschlossen sich mir das komplexe Verhalten dieser Tiere und die subtilen Beziehungen, die sie untereinander pflegen. Gorillas zu studieren erfordert viel Geduld und die Bereitschaft, sich auch mit anderen Themen zu befassen – den verschiedensten Fachgebieten der Primatenforschung. Mit all dem Material, das ich während meiner wissenschaftlichen Arbeit gesammelt hatte, schrieb ich diese Monographie über Gorillas. Sie soll dem Leser nicht zuletzt deutlich machen, wie interessant diese Tiere sind, denen vielerorts bereits die Ausrottung droht, und welche großen Anstrengungen zu ihrem Schutz nötig sind. Aus diesem Grund wird das gesamte Honorar, das ich aus dem Verkauf dieses Buches erhalte, dem Gorillaschutz zufließen.

Um das Buch fertigzustellen, war ich auf die tatkräftige Unterstützung zahlreicher Personen angewiesen. Zunächst möchte ich Dr. Rosl Kirchshofer danken, durch die ich zu den Gorillas gelangte, sowie Renate Rabenstein und Dr. Peter Sacher, ohne die das vorliegende Buch nicht entstanden wäre. Bei der Materialsammlung halfen mir vor allem Sabine Petri, Dr. Michael Schmitt und Olaf Rappold;

Jörg Hess, Klaus-Jürgen Sucker, Karl-Heinz Kohnen, Prof. Robert D. Martin und Dr. Ulrich Schürer stellten freundlicherweise Fotos zur Verfügung. Bedanken möchte ich mich auch bei den Direktoren aller Zoos, die mir gestatteten, Aufnahmen zu veröffentlichen, die ich während meiner Studien gemacht hatte. Schließlich geht ein herzlicher Dank an Dr. Marianne Holtkötter, Georg Kessler und Rüdiger Braun, die das Manuskript kritisch durchsahen, und an meine Eltern, ohne deren Unterstützung meine wissenschaftliche Arbeit nicht möglich gewesen wäre.

Angela Meder

1 Vom wilden Monster zum sanften Riesen

Im Jahr 1847 beschrieben Thomas S. Savage und Jeffries Wyman aufgrund von Schädeln und Skeletteilen, die ein Missionar in Gabun gesammelt hatte, eine neue Menschenaffenart. Sie schlossen in ihrer Arbeit auch erste Anmerkungen zur Lebensweise dieser Tiere ein, die später unter dem Namen »Gorillas« bekannt wurden, indem sie Berichte Einheimischer zitierten:

> »Meine Gewährsmänner waren sich einig, daß sich immer nur ein erwachsener Mann in einer Gruppe befinde; wenn junge Männer heranwüchsen, gebe es einen Wettkampf um die Führung, und der stärkste siege, indem er die anderen töte und sich selbst zum Haupt der Gruppe ernenne.«

Savage und Wyman schilderten die Tiere auch als unberechenbare, gefürchtete Bestien:

> »Sie sind außerordentlich wild und immer angriffslustig, niemals flüchten sie vor dem Menschen, wie der Schimpanse es tut.«

Dieselben Monster stellte in Wort und Bild Paul Du Chaillu (1861) dar, der 1855 als erster Weißer einen Gorilla tötete und die afrikanischen Menschenaffen mit

Abb. 1. Paul Du Chaillus Jagd auf einen Gorilla.

seinen Büchern einer breiten Öffentlichkeit bekannt-
machte (Abb. 1). Von seiner Jagd berichtet er wie folgt:

> »Seine Augen begannen immer heftiger zu blitzen, als wir
> uns reglos in der Defensive hielten, und die Haube kurzer
> Haare auf seiner Stirn begann zu zucken. Gleichzeitig wur-
> den seine mächtigen Eckzähne sichtbar, als er wieder ein
> donnerndes Brüllen ausstieß. Nun erinnerte er mich tatsäch-
> lich an ein teuflisches Phantasiegeschöpf, ein schreckliches
> Mensch-Tier-Mischwesen, wie sie von alten Meistern in
> Bildnissen der Hölle dargestellt wurden. Er näherte sich
> einige Schritte, hielt an, um wieder sein abscheuliches Brül-
> len zu äußern, ging erneut vorwärts und blieb schließlich
> etwa 5–6 m von uns entfernt stehen. Und da, als er wieder
> ein Brüllen ausstieß und sich vor Wut auf die Brust trom-
> melte, feuerten wir und töteten ihn.«

Von Zoologen und Großwildjägern gelangten
schließlich Fotos erlegter Gorillas nach Europa (z. B.
Schouteden 1944), auf denen die imposante Größe er-

2

wachsener männlicher Tiere, der sogenannten Silber-rückenmänner, im Vergleich zu Menschen beein-druckend dokumentiert wurde. In Verbindung mit den sagenhaften Geschichten der afrikanischen Völker und der weißen Jäger entstand so das Bild des Gorillas als riesiger, kraftstrotzender, brutaler Kreatur – das Gegen-teil des vernünftigen, zivilisierten Menschen.

Solche schauerlichen Berichte regten auch die Phan-tasie von Künstlern und Filmemachern an und führten zu den allseits bekannten Übertreibungen des vermeintli-chen Charakters dieser Menschenaffen, wie dem Mon-ster King Kong. *King Kong und die weiße Frau* heißt der Filmklassiker aus dem Jahr 1933, in dem die riesige, kraftstrotzende Bestie sich in eine schöne Menschenfrau verliebte. Dieses Thema war ausschließlich der Phantasie des Drehbuchschreibers entsprungen; schon Savage u. Wyman (1847) hatten Geschichten von frauenraubenden Gorillas als dumme Märchen bezeichnet. Daß der erste King-Kong-Film einen solch großen Erfolg erzielte, lag nicht zuletzt an seiner erotischen Komponente, die bereits im deutschen Titel zum Ausdruck kommt. Kong stellte ein Symbol ursprünglicher männlicher Kraft dar, das durch die Wissenschaft und Technologie der zivilisierten Welt besiegt wurde. Der Schluß des Films machte den Kinobesuchern Hoffnung, daß sich ihre schwierige wirt-schaftliche Situation durch den technischen Fortschritt verbessern würde.

Dieses verzerrte Bild des größten Menschenaffen hielt sich unangefochten, solange sich das Interesse der Forscher an ihm auf die Jagd und das Sammeln be-schränkte. Einer der ersten Menschen, die die Lebenswei-se der Tiere ernsthaft untersuchten, ohne sie töten zu wollen, war Bingham (1932). Doch auch er erschoß schließlich einen Silberrückenmann, als dieser auf seine Frau zulief. Hätte Bingham kein Gewehr mit sich getragen, das er automatisch hochriß, hätte er bemerkt, daß der Gorilla nur drohen wollte.

Gorillas sind Menschen gegenüber in der Regel sehr scheu und zurückhaltend. Nur wenn sie überrascht oder bedroht werden oder ihr Gegenüber sich falsch verhält, greifen sie an. Bei einer unerwarteten Begegnung können Silberrückenmänner allerdings mit furchterregendem Geschrei und Scheinangriffen reagieren. Sie laufen dann laut brüllend mit hoher Geschwindigkeit auf das Opfer zu und bleiben erst kurz vor ihm stehen, manchmal in einer Entfernung von nur 1 m. Duckt sich der Mensch unterwürfig, hat er in der Regel nichts zu befürchten, läuft er aber weg, fühlen sich die erregten Tiere oft provoziert, folgen dem Flüchtenden und beißen ihn. Die wütenden Gorillamänner ergreifen den nächstbesten Körperteil des Flüchtenden, meist ein Bein oder das Gesäß, und schlagen ihre Eckzähne hinein (Sabater Pí 1966).

Seit die Amerikanerin Dian Fossey sich viele Jahre lang mit dem Leben der Gorillas beschäftigte und die Ergebnisse ihrer Studien einem breiten Publikum bekannt machte, gehört der Monstergorilla der Vergangenheit an. Heute werden die größten Menschenaffen, zumindest in den Industriestaaten, nicht mehr als Feinde des Menschen, sondern als seine hilflosen Opfer betrachtet. Dies gilt insbesondere für die Berggorillas, die seltenste und bedrohteste der 3 Gorilla-Unterarten. Viele tausend Menschen konnten diesen Tieren bereits aus nächster Nähe in den Virunga-Vulkanen Ruandas und Zaires begegnen und selbst erleben, daß sie keineswegs die wilden Bestien sind, als die ihre Entdecker sie beschrieben hatten.

2 Die Art *Gorilla gorilla*

Verwandtschaftsverhältnisse

Savage und Wyman beschrieben im Jahr 1847 diese Menschenaffenart nach Skelettmaterial aus Gabun. Sie gaben ihr den Namen »*Troglodytes gorilla*« und stellten sie damit in die gleiche Gattung wie den Schimpansen, der damals *Troglodytes niger* hieß. In den folgenden Jahrzehnten erhielt der Gorilla, wie er nun genannt wurde, verschiedene wissenschaftliche Namen, die Terry Maple und Michael Hoff (1982) zusammenfaßten.

Auch heute ist die Gattungszuordnung des Gorillas noch nicht zu allgemeiner Zufriedenheit geklärt; während er nach Ansicht der meisten Zoologen einer eigenen Gattung, *Gorilla*, angehört (so soll es auch in diesem Buch gehandhabt werden), ordnen ihn einige Wissenschaftler wie Tuttle (1986) zusammen mit den Schimpansen in die Gattung *Pan* ein.

Innerhalb der Ordnung der Primaten, die die Affen im weitesten Sinn umfaßt, gehört der Gorilla zu den Menschenaffen. Alle vier heute lebenden Menschenaffenarten kommen in den Tropen der Alten Welt vor – der Orang-Utan *(Pongo pygmaeus)* als einziger in Asien, die beiden Schimpansenarten *(Pan troglodytes:* Schimpanse, *Pan paniscus:* Bonobo oder Zwergschimpanse) ebenso

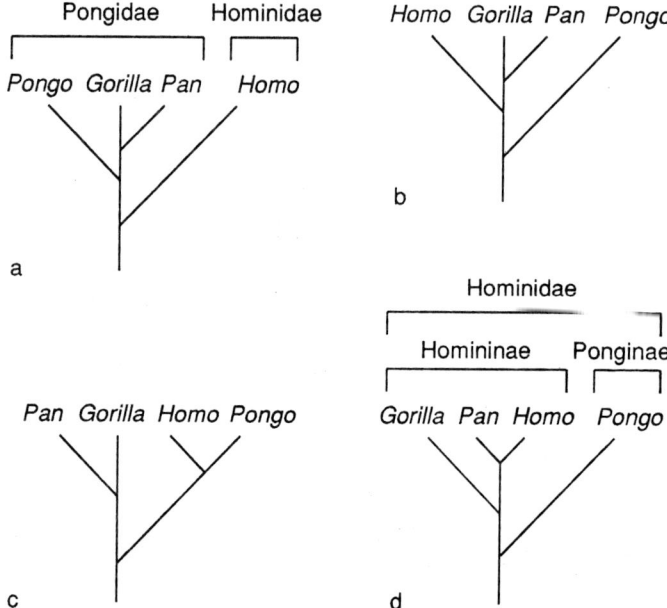

Abb. 2a–d. Stammbäume für Menschenaffen und Menschen.
a Traditionell, nach älteren morphologischen Arbeiten (Kluge 1983), **b** Nach neueren morphologischen Daten (Martin 1986), **c** Nach Schwartz (1988), **d** Nach genetischen und neuesten morphologischen Daten (Groves 1986). Die Länge der Äste und die Abstände zwischen den Abzweigungen sind willkürlich gewählt.

wie der Gorilla in Afrika. Über die verwandtschaftlichen Beziehungen des Gorillas zu den anderen Menschenaffenarten und dem Menschen gibt es unterschiedliche Auffassungen (Abb. 2).

Traditionell stellte man den Menschen in eine eigene Familie, die der Hominidae, und die 3 Gattungen der großen Menschenaffen in die Familie der Pongidae (z. B. Grzimek 1988). Begründet wurde diese Einteilung mit der Sonderentwicklung des Menschen, die vor allem in der Gehirngröße und -differenzierung sowie in der Fortbewegungsweise und den daraus resultierenden anatomischen Veränderungen zum Ausdruck kommt.

Bereits Charles Darwin (1871) stellte jedoch fest, daß der Orang-Utan mit den afrikanischen Menschenaffen keine vom Menschen getrennte natürliche Gruppe bildet, da diese 3 Gattungen nicht genügend gemeinsame Merkmale aufweisen, die sie klar vom Menschen unterscheiden. Die einzige Begründung für die die Einordnung des Menschen in eine eigene Familie könnte nach Darwin der Grad der anatomischen Abwandlung sein, die sich durch die Gehirnvergrößerung und die aufrechte Haltung ergaben. Er allein rechtfertigt jedoch nach Meinung vieler Fachleute keine systematische Abgrenzung.

Auch für den Gorilla läßt sich aufgrund des Körperbaus keine eindeutige Aussage zur systematischen Zuordnung machen; einige Kriterien weisen auf eine stärkere Verwandtschaft zwischen Gorilla und Schimpansen als zwischen diesen Arten und dem Menschen hin, andere auf eine frühere Abspaltung des Gorillas von der Linie, die zum gemeinsamen Vorfahren von Schimpansen und Menschen führte. Einzelne Wissenschaftler, die ihre Ansicht ebenfalls auf die Anatomie stützen, meinen dagegen, daß der Mensch näher mit dem Orang-Utan als mit den afrikanischen Menschenaffen verwandt sei (Schwartz 1988).

Colin Groves (1986) stellte die Merkmale zusammen, die Gorillas mit ihren nächsten Verwandten, den Menschenaffen und den Menschen, gemeinsam haben. Zu den 26 Merkmalen, die sie mit ihnen allen teilen, gehören beispielsweise Duftdrüsenfelder in den Achselhöhlen, große Eierstöcke, relativ kurze Eckzähne (sie erreichen höchstens 150 % der Backenzahnlänge) und das Fehlen von Sitzschwielen. Nur mit den Schimpansen und den Menschen haben Gorillas 37 spezifische Merkmale gemeinsam – u. a. einen verspäteten Zahndurchbruch,

deutlich ausgebildete Ohrläppchen und einen vergleichsweise niedrigen Testosteronspiegel im Blut. Dagegen unterscheiden sich die Menschenaffen (einschließlich der
Orang-Utans) nur durch 10 gemeinsame Merkmale von
Menschen. Dieses Ergebnis weist deutlich darauf hin, daß
die afrikanischen Menschenaffen näher mit den Menschen als mit den Orang-Utans verwandt sind. Gorillas
besitzen 7 gemeinsame Merkmale mit den Schimpansen
und 12 mit den Menschen. Schimpansen und Menschen
teilen dagegen 25 Merkmale, die sie von den übrigen
Primaten trennen.

Martin (1986) nimmt an, daß sich die Gibbons, die
früher auch häufig zu den Menschenaffen gezählt wurden, vor rund 17 Mio. Jahren, im mittleren Miozän, von
den Hominoiden (Menschenaffen und Menschen) getrennt haben. Als erste Vertreter der großen Menschenaffen sieht er die Gattung *Dryopithecus* und die frühen
Kenyapithecus-Arten an. Der Vorfahr des Orang-Utans
begann nach dieser Berechnung vor etwa 12 Mio. Jahren,
eine selbständige Linie zu bilden, und der Mensch spalte-
te sich schließlich im mittleren Pliozän (vor rund 3 Mio.
Jahren) ab. Bei der fossilen Menschenaffengattung *Siva-
pithecus*, von der Skeletteile in Asien gefunden wurden,
handelt es sich offenbar um einen Angehörigen der Linie,
die zum Orang-Utan führte, dem einzigen asiatischen
Menschenaffen (Martin 1986; Schwartz 1988).

Da der Orang-Utan bereits vor vielen Millionen
Jahren eine eigenständige Entwicklungslinie bildete, wird
er heute von vielen Systematikern in eine eigene Familie,
die der Pongidae, gestellt. Sie bildet zusammen mit der
Schwesterfamilie der Hominidae, die die afrikanischen
Menschenaffen und den Menschen umfaßt, die Überfa-
milie der Hominoidea. Diese Einteilung wird auch hier
verwandt.

Bisher kennt man keine Fossilien, die eindeutig von den Vorfahren der afrikanischen Menschenaffenarten bzw. denen des Schimpansen, des Bonobos und des Gorillas aus ihren jeweiligen eigenen Linien stammen. Dies liegt wahrscheinlich daran, daß diese Arten im Regenwald leben, in dem sich kaum Fossilien bilden können.

Neuere Untersuchungsmethoden in verschiedenen Bereichen, vor allem in der Genetik, lieferten jedoch in jüngster Zeit neuen Diskussionsstoff zur Systematik des Gorillas und der anderen Hominoiden. Sie sollen in den folgenden Kapiteln dargestellt werden, neben Ergebnissen aus der Parasitologie, die ebenfalls Hinweise auf die verwandtschaftlichen Beziehungen dieser Arten geben.

Parasiten

Um die Verwandtschaftsbeziehungen zwischen Menschen und Menschenaffen zu klären, wurden Untersuchungen zu Infektionskrankheiten und Parasiten angestellt. So lieferten Fossey (1983) und Ashford et al. (1990) ausführliche Beschreibungen der Parasiten, die sie bei freilebenden Berggorillas fanden. In Einzelveröffentlichungen und Übersichtsarbeiten wurden außerdem Parasiten von Flachlandgorillas sowie Einzeller, die in ihrem Verdauungstrakt leben und deren Rolle man noch nicht kennt, beschrieben (Glen u. Brooks 1986; Goussard et al. 1983; Toft 1986).

Zahlreiche Parasiten des Darmtrakts (z. B. der Einzeller *Balantidium coli*, die Fadenwürmer *Strongyloides stercoralis* und *Strongyloides fuelleborni* oder der Spulwurm, *Ascaris lumbricoides*) können Gorillas ebenso befallen wie Menschen und verschiedene andere Säugetiere; dasselbe gilt für einige äußere Parasiten wie den Sandfloh *Tunga penetrans*. Andere Schmarotzer sind zwar in erster

Linie von Menschen bekannt, werden aber auch gelegentlich bei Gorillas gefunden, beispielsweise die Krätzmilbe, *Sarcoptes scabiei*, der Hakenwurm, *Ancylostoma duodenale*, oder der Fadenwurm *Onchocerca volvulus*, der außer bei Menschen und Gorillas nur noch bei Schimpansen nachgewiesen wurde. Den in verschiedenen Körperteilen auftretenden Wanderwurm *Loa loa* gibt es ebenfalls nur bei Menschen und den afrikanischen Menschenaffen. Andererseits kennt man Parasiten, die bei Gorillas und vielen niederen Affen der Alten Welt vorkommen, aber nicht bei Menschen; dazu gehören die Lungenmilben der Gattung *Pneumonyssus*. Nach Ashford et al. (1990) haben die Berggorillas des Impenetrable Forests in Uganda erstaunlich wenige Parasitenarten des Verdauungstrakts mit Menschen gemeinsam.

Gorillas können an verschiedenen Formen von Malaria erkranken, die von Einzellern der Gattung *Plasmodium* hervorgerufen werden. Vermutlich ist die Art *Plasmodium rodhaini*, die Gorillas und Schimpansen infiziert, mit der Art *Plasmodium malariae* identisch, an der auch Menschen erkranken. Dies ist der einzige Malaria-Erreger, der in Afrika sowohl Menschen als auch die Menschenaffen befällt. Die anderen Arten der Menschen-Malaria sind nach bisherigen Erkenntnissen für Gorillas nicht gefährlich, und Menschen infizieren sich unter natürlichen Bedingungen nicht mit den übrigen Arten der Gorilla-Malaria. Orang-Utans dagegen werden von anderen *Plasmodium*-Arten befallen und sind für die Erreger der menschlichen Malariaformen und derjenigen der afrikanischen Menschenaffen nicht empfänglich.

Glen u. Brooks (1986) versuchten, anhand von Zusammenstellungen der Parasiten die Verwandtschaftsbeziehungen zwischen Menschenaffen und Menschen aufzuklären. Nach den ihnen zur Verfügung stehenden Daten müßten die Menschenaffen einschließlich der

Gibbons einen gemeinsamen Vorfahren besessen haben, als sich die Menschen vom Primatenstammbaum abspalteten. Dieses Modell widerspricht allerdings den Erkenntnissen aus allen anderen Untersuchungen zur Systematik der Hominoiden. Da jedoch die Parasiten freilebender Menschenaffen noch keineswegs ausreichend erfaßt werden konnten, ist dieses Ergebnis nur als vorläufig zu betrachten.

Nicht alle Parasitengruppen folgen allerdings dem eben beschriebenen Modell; zu ihnen gehören beispielsweise die Arten der Gattung *Oesophagostomum*, der am häufigsten auftretenden Fadenwürmer bei Affen der Alten Welt. Aus dieser Gattung befällt die Art *Oesophagostomum stephanostomum* nur Menschen, Schimpansen und Gorillas, nicht aber Orang-Utans, was auf eine frühere Abspaltung der asiatischen Menschenaffen hinweist.

Die enge Verwandtschaft zwischen Menschen und afrikanischen Menschenaffen belegen auch die Läuse, die auf diesen Primatenarten leben. *Phthirus gorillae*, die derselben Gattung wie die Filzlaus des Menschen *(Phthirus pubis)* angehört, spezialisierte sich auf Gorillas, während die Schimpansenlaus *(Pedicularis schaefi)* mit der Menschenlaus *Pediculus humanus* nah verwandt ist. Diese Gattungen kommen bei Affen der Alten Welt sonst nicht vor.

▨ Genetik und Molekularbiologie

Alle Menschenaffenarten besitzen 48 Chromosomen, der Mensch jedoch nur 46. Mit größter Wahrscheinlichkeit reduzierte sich die Zahl der Chromosomen während der Entwicklung zum *Homo sapiens*, indem zwei davon verschmolzen. In einem Vergleich der Chromosomenbanden bei Menschenaffen und Menschen stellten Yunis u. Prakash (1982) fest, daß die des Orang-Utans sehr große Unterschiede zu denen der übrigen Hominoiden aufweisen und daß Mensch und Schimpansen aufgrund dieser Bandenmuster am stärksten verwandt sind.

Da die mikroskopische Untersuchung der Chromosomen nur sehr grobe Hinweise auf verwandtschaftliche Beziehungen innerhalb der Menschen-Menschenaffen-Gruppe geben kann, versucht man seit einigen Jahrzehnten, durch biochemische und genetische Studien Klarheit darüber zu gewinnen. Folgende Methoden kommen hierfür in Frage: Proteinuntersuchungen durch immunologische Tests, Elektrophorese sowie Analyse und Vergleich der Aminosäuresequenzen (z. B. in Myoglobin, Hämoglobin oder Fibrinopeptiden), vor allem aber die Untersuchung der Basensequenzen bestimmter Bereiche der Kern-DNS und der mitochondrialen DNS (mtDNS) sowie die DNS-Hybridisierung.

Aminosäuresequenzen geben wesentlich schwächere Hinweise auf Verwandtschaftsbeziehungen als die DNS, da sich Mutationen in Eiweißverbindungen nur beschränkt auswirken und sich die Enzyme der Hominoiden nur in einigen wenigen Positionen unterscheiden. Diese Versuche liefern folglich recht ungenaue Ergebnisse, wenn es sich um sehr nah verwandte Arten handelt. Andrews (1986) folgert dennoch aus der Untersuchung verschiedener Enzyme durch Immundiffusion und Elektrophorese, daß Schimpansen, Gorilla und Mensch enger verwandt sind als die beiden afrikanischen Menschenaffen und der Orang-Utan. Schmitt et al. (1990) fanden mit Proteinelektrophorese außerdem eine engere Verwandtschaftsbeziehung zwischen den beiden Schimpansenarten und dem Menschen als zwischen Schimpansen und Gorilla. Durch die Analyse von Aminosäuresequenzen bestimmter Proteine kamen Hayasaka et al. (1988) zu den gleichen Ergebnissen.

Ähnliche Ergebnisse brachten Versuche zur DNS-Hybridisierung. Bei dieser Methode werden DNS-Doppelstränge in ihre beiden Hälften gespalten und solche Einzelstränge von 2 verschiedenen Tierarten vermischt. Wenn die »Hälften« sich wieder zu Doppelsträngen zusammenlagern, können sich auch gemischte Stränge (z. B. Mensch-Gorilla) bilden. Aus der Temperatur, die erforderlich ist, um diese sogenannten Hybridstränge zu trennen, kann man folgern, wie ähnlich sich die Erbanlagen der beiden Tierarten sind.

Dasselbe Bild ergibt sich bei einer Untersuchung der Basensequenz in der mitochondrialen DNS. MtDNS eignet sich für die Untersuchung kurzer stammesgeschichtlicher Zeiträume (wenige Millionen Jahre) besonders gut, da in ihr die Einzelteile, die Nukleotide, 5- bis 10mal schneller ersetzt werden als in der DNS des Kerns. Die Mitochondrien, Zellorganellen, die für die Atmung zuständig sind, besitzen ihr eigenes Erbmaterial, das beim Menschen aus 37 Genen besteht und dessen Sequenz vollständig bekannt ist. Im Gegensatz zu der DNS der Chromosomen wird es nur über die weiblichen Keimzellen vererbt, weil die Mitochondrien der Spermien bei der Befruchtung nicht in die Eizelle gelangen. Aus diesem Grund kann es nur eingeschränkt zur Verwandtschaftsbestimmung herangezogen werden: Man könnte zu falschen Schlüssen kommen, falls sich im Verlauf der Stammesgeschichte 2 Arten gekreuzt haben sollten, was durchaus möglich ist.

Das Erbmaterial von Menschenaffen und Menschen stimmt in großen Teilen überein. Besonders gering sind die Unterschiede bei der Kern-DNS. Bestimmte Teile der Erbanlagen im Kern weichen zwischen Mensch und Schimpanse zu rund 1,6 % ab, zwischen Mensch und

Gorilla zu 1,7 % und zwischen Gorilla und Schimpanse zu 1,8 %. Vom Orang-Utan unterscheiden sich die afrikanischen Menschenaffen und der Mensch dagegen in rund 3,5 % ihres Erbmaterials. Bei der mtDNS, die sich wesentlich schneller verändert, stellten Genetiker 8,8 % Unterschied zwischen Mensch und Schimpanse fest, 10,3 % Unterschied zwischen Mensch und Gorilla, 10,6 % zwischen Schimpanse und Gorilla sowie 16–17 % zwischen diesen Arten und dem Orang-Utan (Hayasaka et al. 1988; Koop et al. 1989).

In mehreren Untersuchungen wurden Berechnungen angestellt, mit denen die Zeitpunkte ermittelt werden sollten, zu denen sich die Entwicklungslinien der verschiedenen Arten getrennt haben. Für eine solche Berechnung muß zunächst als Orientierung ein Fixpunkt in der Stammesgeschichte zugrundegelegt werden; da dieser Punkt jedoch ebenfalls auf Annahmen beruht, ziehen solche Angaben häufig sehr scharfe Kritik nach sich. Aufgrund von DNS-Hybridisierung kamen beispielsweise Sibley u. Ahlquist (1987) zu dem Ergebnis, daß sich die Vorfahren des Orang-Utans vor 12,2–17,0 Mio. Jahren von der Mensch-Menschenaffen-Linie abgespalten haben, die des Gorillas vor 7,7–11,0 Mio. Jahren und daß sich die Ahnen von Schimpansen und Mensch vor 2,4–3,4 Mio. Jahren getrennt haben.

Aufgrund der Kern-DNS-Basensequenzen stellten Ueda et al. (1989) fest, daß der Gorilla sich vor 5,0–6,8 Mio. Jahren und die Schimpansen sich vor 4,0–5,8 Mio. Jahren von der zum Menschen führenden Linie abspalteten. Die Genetiker legten eine Trennung des Orang-Utans vor 14 Mio. Jahren zugrunde. Bei einer Annahme der Orang-Utan-Trennung vor 10–15 Mio. Jahren schlossen Gonzalez et al. (1990) aus ihrer Untersuchung eines bestimmten Gens auf eine Abspaltung des Gorillas vor

5,6–8,5 Mio. Jahren und der Schimpansen vor 3,4–5,1 Mio. Jahren.

Beim Vergleich der mtDNS-Basensequenzen verschiedener Primaten fanden alle Autoren zwischen Mensch und Schimpanse eine stärkere Übereinstimmung als zwischen Gorilla und Schimpanse, ebenso wie es die Untersuchung der Kern-DNS ergeben hatte. Hasegawa et al. (1985) beispielsweise schlossen aus ihrer Untersuchung, daß sich der Orang-Utan vor 9,6–12,1 Mio. Jahren und der Gorilla vor 3,0–4,3 Mio. Jahren von der Schimpansen-Mensch-Linie getrennt hat; die beiden letzteren Arten entwickelten sich vor 2,1–3,3 Mio. Jahren auseinander. Horai et al. (1992) berechneten unter der Annahme, daß der Orang-Utan vor 13 Mio. Jahren eine eigene Entwicklung begann, daß der Gorilla sich vor 7–8,4 Mio. Jahren abspaltete und sich Mensch und Schimpansen vor 4,2–5,2 Mio. Jahren trennten.

In ihren Zusammenfassungen von Studien zur Systematik der Menschenaffen und des Menschen stellten auch Morris Goodman (1986) und Colin Groves (1986) fest, daß die Trennung der Hominoiden in die 2 Familien Menschenaffen und Menschen nicht aufrechterhalten werden kann. Goodman et al. (1990) schlugen vor, daß die Familie Hominidae in 2 Unterfamilien, Hylobatinae und Homininae geteilt werden sollte. Die Homininae sollen 2 Tribus enthalten: die Pongini mit dem Orang-Utan und die Hominini, denen die Subtribus Gorillina mit dem Gorilla und Hominina mit den Schimpansen und dem Menschen zugeordnet sind.

▰▰ Unterarten

Eine genaue anatomische Untersuchung von Gorillas aus verschiedenen Fundorten nahm erstmals Coolidge (1929) vor. Aufgrund von Schädelmerkmalen kam er zu dem Schluß, daß alle Tiere zu einer Art, *Gorilla gorilla*, gehörten und in 2 Unterarten, *Gorilla gorilla gorilla* im Westen und *Gorilla gorilla beringei* im Osten, eingeteilt werden konnten. Die östlichen Gorillas teilte Vogel (1961) nach der Untersuchung von Unterkiefern aus verschiedenen Gebieten in 2 Gruppen; die Gorillas der Virunga-Vulkane besitzen einen deutlich kürzeren Unterkiefer und einen höheren Kieferast als die anderen Populationen.

Heute ist eine Einteilung der Art *Gorilla gorilla* in 3 Unterarten üblich (Groves 1970). Sie beruht ebenfalls auf der Untersuchung von Schädel- und Skelettmaterial. Bei diesem Material unterschied Groves zahlreiche Gruppen: im Westen des Verbreitungsgebiets in die Populationen von Nigeria, der Küste mit Teilen von Gabun und Kongo, Sangha und dem Kamerun-Plateau; im Osten des Gebiets in die Populationen von Utu, Mwenga-Fizi, Tshiaberimu, Virunga, Kayonza (Impenetrable Forest) und Kahuzi. Diese Populationen wurden wiederum zu 3 Unterarten zusammengefaßt:

Gorilla gorilla gorilla Savage und Wyman, 1847
(Westlicher) Flachlandgorilla
Gorilla gorilla beringei Matschie, 1902
Berggorilla
Gorilla gorilla graueri Matschie, 1914
Östlicher Flachlandgorilla oder Grauergorilla

Alle westlichen Gorillapopulationen ordnete Groves durchweg der Unterart *Gorilla gorilla gorilla* zu, bei

Abb. 3. Gesichter von Silberrückenmännern der drei Unterarten; **a** Flachlandgorilla,
b Grauergorilla, **c** Berggorilla.

a

b

c

Abb. 4. Ausdehnung des Silberrückens bei östlichen *(links)* und westlichen Gorillas.

den östlichen Populationen war die Einteilung allerdings nicht so einfach. Je nach Gewichtung der einzelnen Merkmale ergaben sich unterschiedliche Ergebnisse, und aus vielen Gebieten standen Groves für die Untersuchungen so wenige Schädel und Skelette, geschweige denn andere Körperteile zur Verfügung, daß sich keine zuverlässigen Aussagen machen ließen.

Äußerlich unterscheiden sich die Unterarten in mehreren Merkmalen, die jedoch teilweise individuell stark variieren. Die Nase der westafrikanischen Gorillas ist beispielsweise breiter als die der östlichen Unterarten, und nach oben bildet sie bei westlichen Flachland- und bei Berggorillas einen deutlichen Rand, während sie bei Grauergorillas ohne Abgrenzung verläuft (Abb. 3). Der »Silberrücken« der erwachsenen Männer erstreckt sich bei den westlichen Flachlandgorillas nicht nur über den Rücken, sondern auch über die Hüften und die Beine (Abb. 4). Berggorillas haben kürzere Arme und sehr lange, seidige Haare, vor allem an den Armen. Während die Haare der östlichen Unterarten – abgesehen vom silbrigen Rücken der Männer – in der Regel tiefschwarz gefärbt sind, kann das Fell der westlichen Gorillas beider Geschlechter grau oder bräunlich getönt sein (Groves 1970, 1986; Maple u. Hoff 1982).

Heute benutzen Systematiker häufig eine völlig andere Methode zur Verwandtschaftsanalyse. In der Forschungsabteilung des Zoos von San Diego führte Karen Garner (1992) eine Untersuchung der Erbanlagen mittels DNS-Fingerabdrücken durch. Für eine solche Untersuchung benötigt man nur einen Tropfen Blut oder den Follikel eines Haares. Nach dieser Studie zeigen die Tiere der beiden östlichsten Populationen, die Berggorillas der Virunga-Vulkane am Dreiländereck Zaire-Uganda-Ruanda und des Impenetrable Forest in Uganda, in weiten Teilen völlig identische Erbanlagen. Die Verbindung zwischen diesen beiden Waldflächen muß folglich erst vor verhältnismäßig kurzer Zeit unterbrochen worden sein. Die Populationen der Unterart *gorilla* weisen dagegen eine starke Variabilität auf. Insgesamt gesehen unterscheiden sich alle *beringei*- und *graueri*-Populationen jedoch weniger als diejenigen verschiedener westlicher Populationen; aus genetischer Sicht müßten die beiden östlichen Unterarten also eigentlich zu einer einzigen zusammengefaßt werden. Dennoch soll in diesem Buch die übliche Einteilung der Art in 3 Unterarten beibehalten werden.

Ebenfalls auf einem Vergleich von mtDNS beruht eine frühere Studie von Ferris et al. (1981). Sie errechneten, daß sich die Flachlandgorillas aus dem Westen des Verbreitungsgebiets und die Berggorillas aus den Virunga-Vulkanen seit rund 1,3 Mio. Jahren getrennt entwickelten.

■ Anatomische Besonderheiten

Hier sollen nur einige besonders interessante Aspekte zur Anatomie der Art *Gorilla gorilla* behandelt werden, die ausführlich in Gregory (1950) beschrieben ist.

Hände

Unter den Menschenaffen haben Orang-Utans die längsten und schmalsten Hände, die ihrer Lebensweise in Bäumen besonders gut angepaßt sind. Die afrikanischen Menschenaffen dagegen können sich sowohl auf Bäumen als auch auf dem Boden gut fortbewegen, während Orang-Utans am Boden sehr langsam und schwerfällig wirken. Wenn Gorillas und Schimpansen vierfüßig laufen, benutzen sie den sogenannten Knöchelgang. Diese Fortbewegungsweise führte zur Entwicklung zahlreicher Spezialmerkmale an ihren Armen und Händen (Tuttle 1969; Tuttle u. Watts 1985). Um das große Gewicht des Körpers tragen zu können, sind die Gelenkköpfe der Mittelhand- und Fingerknochen – mit Ausnahme des Daumens – verstärkt, besonders bei Gorillas. Die Tiere berühren den Boden mit den Außenseiten der mittleren Fingerglieder, die kräftige Ballen und Polster aufweisen; während

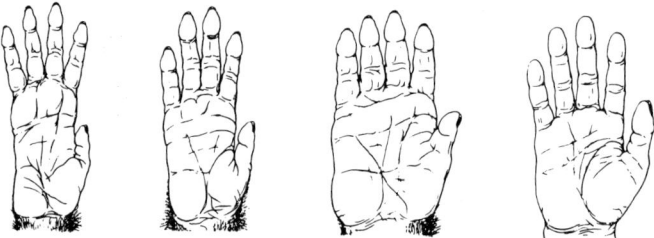

Abb. 5. Handformen bei Menschenaffen und Menschen (*von links nach rechts:* Orang-Utan, Schimpanse, Gorilla, Mensch).

bei Schimpansen das Körpergewicht dabei vor allem auf den 3. und den 4. Fingern ruht, ist es bei Gorillas auf 4 Finger verteilt. Aus diesem Grund haben ihre 5. (»kleinen«) Finger, im Gegensatz zu denen der anderen Menschenaffen und dem Menschen, fast die gleiche Länge wie die anderen. Die Hände der Gorillas sind wesentlich breiter als die ihrer nächsten Verwandten (Abb. 5). Die östlichen Gorillas besitzen noch breitere Hände als die westlichen (Schultz 1933).

Füße

Den Orang-Utans verleiht ein besonderer Bau der Hüfte, der Kniegelenke und der Füße eine außergewöhnliche Flexibilität, wie sie in Anpassung an das reine Baumleben notwendig ist. Bei den afrikanischen Menschenaffen fehlt diese Beweglichkeit. Da Gorillas vorwiegend am Boden leben, ähneln ihre Füße denen des Menschen stärker als die der anderen Menschenaffen. Die Zehen sind verhältnismäßig kurz und der Abstand zwischen dem großen und den übrigen Zehen ist kleiner als bei Orang-Utans und Schimpansen. Diese Anpassung des Fußes an das Bodenleben ist bei den östlichen Populationen noch stärker ausgeprägt als bei den westlichen (Abb. 6).

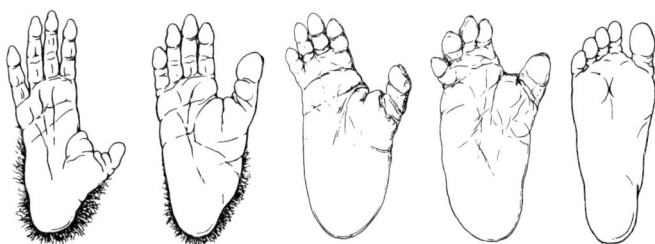

Abb. 6. Fußformen bei Menschenaffen und Menschen (*von links nach rechts*: Orang-Utan, Schimpanse, Flachlandgorilla, Berggorilla, Mensch).

Kehlsack

Wie alle Menschenaffen besitzen Gorillas einen großen Kehlsack, der nahe dem Kehlkopf mit einer 27 mm weiten Öffnung entspringt. Er zieht sich in mehreren Lappen durch den Hals- und oberen Brustbereich (Raven u. Hill 1950). Dieses Organ sorgt beim Brusttrommeln für eine starke Resonanz, vor allem bei Silberrückenmännern, bei denen es weiter ausgedehnt ist als bei den Gorillafrauen. Bei Menschen hat sich dieser Kehlsack fast völlig rückgebildet.

Haube

Eine mächtige »Haube« aus Fett- und Bindegewebe bildet sich im Nacken erwachsener männlicher und weiblicher Tiere. Doch nicht nur diese Gewebe verleihen den Tieren einen typischen »Stiernacken«, sondern auch die mächtige Nackenmuskulatur, die an den stark verlängerten Dornfortsätzen der Halswirbel sitzt.

Haut und Behaarung

Die Haut der Gorillas ist am ganzen Körper schwarz gefärbt; nur Jungtiere besitzen häufig an Füßen und Händen helle Flecken. Die dunklen Pigmente liegen wie bei Menschen und Schimpansen nur in der Oberhaut, während die Farbe sich beispielsweise bei den Meerkatzenartigen auch in tieferen Hautschichten befindet. Besonders dicke Haut haben Gorillas an den Handflächen, den Fußsohlen und den Ballen an den Außenseiten der Finger.

Das Gesicht, die Ohren und die Hand- und Fußflächen der Gorillas sind unbehaart. Nur schwach behaart sind die Brust, die Achselhöhlen und der Ano-Genital-Bereich. In den Achselhöhlen erwachsener Männer (in geringerem Maße auch bei Frauen) findet sich wie bei Schimpansen und Menschen ein sogenanntes Achselhöhlenorgan, das bei Orang-Utans wesentlich schwächer ausgeprägt ist. Es besteht aus 4–6 Schichten von Drüsen, die einen starken Duft erzeugen (Ellis u. Montagna 1962; Straus 1950).

Das auffälligste Merkmal erwachsener Männer ist neben ihrer Größe der sogenannte Silberrücken. Kurze, weiße Haare bedecken den Rücken, und die silberweiße Farbe zieht sich bei westlichen Gorillas bis über die Beine hinunter. Während die Rückenhaare kürzer sind als die an den meisten Körperstellen, werden bei Männern die Armhaare besonders lang.

Geschlechtsorgane

Hoden und Penis der Gorillas sind im Verhältnis zur Körpermasse wesentlich kleiner als bei den anderen Menschenaffen: Die Hoden eines Gorillas wiegen 30–35 g, die eines Schimpansen dagegen rund 120 g, und der erigierte Penis eines Gorillas erreicht oft nur 3 cm Länge, während der eines Schimpansen rund 8 cm lang ist. Als Erklärung für diese beträchtlichen Unterschiede der Größe der männlichen Keimdrüsen geben Harcourt et al. (1981c) an, daß Schimpansen sehr viel Sperma bilden müssen, da sie aufgrund ihrer promisken Sozialstruktur wesentlich häufiger kopulieren als verwandte Arten (s. S. 83). Der erigierte Penis der Schimpansen, mit dem sie um brünstige Frauen werben, ist nicht nur größer als der von Gorillas, sondern bildet außerdem mit seiner hellen Farbe einen auffälligen Kontrast zum dunklen Fell; dagegen ist das Geschlechtsorgan der Gorillas, die kein ähnliches Verhalten zeigen, schwarz und klein.

Gorillafrauen besitzen ebenfalls unauffällige äußere Geschlechtsorgane. Ihre Schamlippen schwellen zwar in der Zeit des Eisprungs an, da sie aber schwarz sind, fällt diese Schwellung bei ausgewachsenen Tieren kaum auf. Weibliche Gorillas benötigen keine weithin sichtbaren

Signale für ihre sexuelle Bereitschaft, da sie sich immer in der Nähe eines Mannes aufhalten. Während sie sich in der Regel im Verlauf einer Brunst (s. S.122ff.) nur mit einem Mann paaren können, den sie meist von sich aus zur Paarung auffordern, werden bei Schimpansen brünstige Frauen, die durch ihre starke Schwellung schon von weitem zu erkennen sind, von mehreren Männern umworben.

Gewicht und Körpergröße

In Tabelle 1* sind die Maße und Gewichte von erwachsenen Männern der 3 Unterarten aufgeführt. Die Angaben zur Körperlänge reichen von 146–196 cm, wobei Flachlandgorillas mit einem Mittelwert von unter 170 cm die kleinste und Grauergorillas mit 175 cm und mehr die größte Unterart sind. Auch bei den anderen Maßen und beim Gewicht erreichen Grauergorillas die höchsten Mittelwerte. Silberrückenmänner wiegen zwischen 130 und 260–267 kg; in der Regel betragen die Gewichte männlicher Flachlandgorillas 140–160 kg, männlicher Berggorillas 150–160 kg und männlicher Grauergorillas 160–180 kg. Freilebende Gorillas, die mehr als 200 kg wiegen, sind eine Seltenheit.

Vergleichbare Zusammenstellungen für weibliche Tiere gibt es leider nicht. Ihr Gewicht liegt in der Regel zwischen 70 und 110 kg; sie sind also etwa halb so schwer wie ihre männlichen Artgenossen. Dieser deutliche Geschlechtsunterschied äußert sich ebenso in den Körpermaßen.

Einen ähnlich ausgeprägten Geschlechtsunterschied zeigen auch die einzelgängerischen Orang-Utans, doch typisch ist dies vor allem für Primaten, die in Haremsgruppen leben. Der Grund für diesen Unterschied

---

* Tabellen im Anhang.

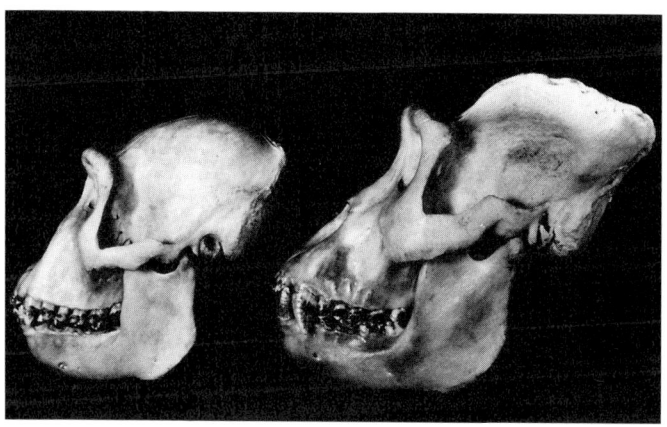

Abb. 7. Schädel erwachsener Flachlandgorillas aus Río Muni, Seitenansicht (*links* weibliches, *rechts* männliches Tier).

Abb. 8. Schädel erwachsener Flachlandgorillas aus Río Muni, Frontalansicht (*links* weibliches, *rechts* männliches Tier).

zwischen den Geschlechtern ist der starke Wettbewerb unter den Männern um weibliche Tiere, die sie als feste Gruppenmitglieder gewinnen wollen (s. S. 154f.). Die beachtliche Größe der Männer entwickelte sich dadurch, daß die Tiere desto mehr Erfolg beim Verjagen von Rivalen erzielten, je größer und kräftiger sie waren, und so verhinderten, daß Frauen aus ihrer Gruppe abwanderten (Harcourt 1981b). Dies unterscheidet Gorillas deutlich von Schimpansen, bei denen die Geschlechter fast gleich groß sind und deren lockere Gruppen mehrere Männer enthalten.

Schädel

Auch an den Schädelmaßen lassen sich die Geschlechter eindeutig unterscheiden, was bei Schimpansen und Menschen nicht möglich ist (O'Higgins et al. 1990). Erwachsene männliche Gorillas tragen auf ihrem Schädel einen mehrere Zentimeter hohen Scheitelkamm, der nur in Ausnahmefällen bei weiblichen Tieren vorkommt; außerdem besitzen sie einen starke Hinterhauptskamm, der bei Frauen wesentlich schwächer ausgeprägt ist (Abb. 7 und 8). Früher nahm man an, daß diese Kämme vorwiegend als Ansatzfläche für die mächtige Temporalmuskulatur dienen. Doch diese Muskulatur sitzt nur teilweise an den Knochenkämmen an, die deshalb vermutlich in erster Linie ein sekundäres Geschlechtsmerkmal darstellen.

Zähne

Bei männlichen Gorillas werden die Eckzähne wesentlich größer als bei weiblichen Tieren; damit haben sie die längsten Eckzähne aller Hominoiden (Plavcan u. Schaik 1992). Da Gorillas keine Wirbeltiere fangen, um sie zu fressen, dienen ihnen diese Zähne ausschließlich zu innerartlichen Auseinandersetzungen – beim Kampf mit anderen Gruppenleitern.

3 Ökologie und Lebensraum

Ein zweigeteiltes Verbreitungsgebiet

Gorillas leben ausschließlich in den Tropen Afrikas. Ihr Verbreitungsgebiet ist zweigeteilt – fast 1000 km trennen die Flachlandgorillas im Westen des Kontinents von den Grauer- und Berggorillas im Osten (Abb. 9). Nach Norden kommen Gorillas bis etwa 6° 40' nördlicher Breite vor (in Nigeria), nach Süden wahrscheinlich bis etwa 5° südlicher Breite (in Cabinda, Angola). Im

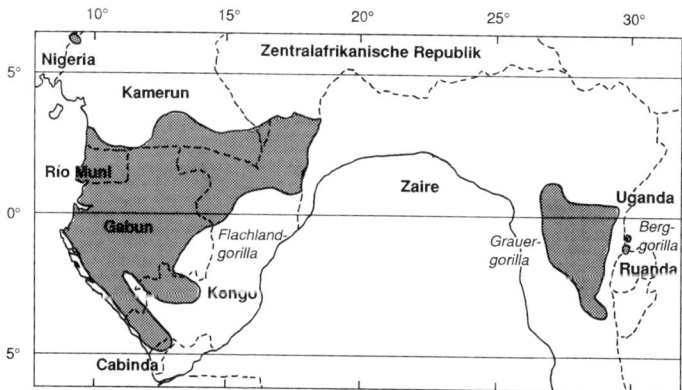

Abb. 9. Verbreitungsgebiete der drei Gorilla-Unterarten nach Daten der letzten 20 Jahre.

Westen erstreckt sich ihr Areal bis ca. 8° 50' östlicher Länge (Nigeria) und im Osten bis 29° 45' (Virunga-Vulkane und Impenetrable Forest). Die östliche Grenze der westlichen Unterart bildet der Fluß Ubangi bei 18° östlicher Länge, und die westliche Grenze der östlichen Unterarten liegt bei etwa 26° 30' (Fay et al. 1989; Mwanza u. Yamagiwa 1989).

Obwohl sich die Grenzen der Gorillaverbreitung in den letzten Jahrzehnten offenbar wenig geändert haben, ist der Lebensraum dieser Menschenaffenart stark geschrumpft und zerstückelt, da die Wälder immer stärker durch Kulturflächen eingeengt und somit voneinander isoliert werden. Aus manchen Regionen sind die Tiere bereits ganz verschwunden, weil der Wald dort völlig gerodet wurde. Meist leben sie heute in relativ kleinen, isolierten Waldinseln.

Der Flachlandgorilla *(Gorilla gorilla gorilla)* kommt heute noch in den Staaten Gabun, Zentralafrikanische Republik, Äquatorial-Guinea, Kongo, Kamerun, Nigeria und möglicherweise in der angolanischen Exklave Cabinda vor. Seine Verbreitungsgrenze im Norden und Westen stellt ein isoliertes Gebiet am Cross River in Nigeria und Kamerun dar (IUCN 1988). In Zaire gibt es diese Unterart schon seit mehreren Jahrzehnten nicht mehr (Verschuren 1975).

Die Verbreitung der östlichen Unterarten Berggorilla *(Gorilla gorilla beringei)* und Grauergorilla *(Gorilla gorilla graueri)*, die damals noch beide als Berggorillas bezeichnet wurden, untersuchten im Jahr 1959 Emlen u. Schaller (1960). Grauergorillas wiesen die beiden Wissenschaftler in zahlreichen kleinen Gebieten nach, von den Bergen am Rand des Zentralafrikanischen Grabens bis in die Ebenen, nach denen die Unterart auch »Östlicher Flachlandgorilla« heißt. Insgesamt führten sie für die östlichen Gorillas rund 60 isolierte Gebiete auf, die zwischen 25 und 250 km² umfaßten. Neuere Arbeiten zur genauen Verbreitung dieser Unterart wurden bisher nicht veröffentlicht.

Berggorillas waren damals wie heute in 2 durch einen breiten Streifen landwirtschaftlich genutzter Flächen voneinander getrennten Gebieten verbreitet, den Virunga-Vulkanen am Dreiländereck Zaire-Uganda-Ruanda und dem Impenetrable Forest in Uganda. In den Virungas leben sie heute nur noch in großen Höhen, da der Wald in den niedrigen Höhenstufen schon lange abgeholzt ist. Der Impenetrable Forest im Südwesten Ugandas besteht aus 2 Teilen, die durch einen schmalen Korridor verbunden sind. Er ist mit 321 km² eine der größten zusammenhängenden Waldflächen Ostafrikas.

Die heutige Verbreitung der Gorilla-Unterarten kam vermutlich dadurch zustande, daß ein ehemals zusammenhängendes Verbreitungsgebiet irgendwann gespalten wurde. Nach Groves (1971) lebten Gorillas ursprünglich in Bergwäldern, die sich am Nordrand des heutigen Kongobeckens entlangzogen. Diese Bergwaldkette wurde nach der Würmeiszeit unterbrochen und blieb im Westen nur noch mit den Bergen Nigerias und Kameruns und im Osten mit den Virunga-Vulkanen und den Bergen Ugandas und Ostzaires erhalten. Schaller (1963) erklärte das ungewöhnliche Verbreitungsgebiet ebenfalls damit, daß die Art ehemals in einem breiten Band nördlich des Flusses Ubangi von der heutigen westlichen bis zur östlichen Grenze ihres Verbreitungsgebiets vorkam und im Zwischenbereich ausstarb, als sich das Klima änderte. Der Regenwald, der im Pleistozän diesen ganzen Bereich bedeckte, verschwand damals und machte einer Savanne Platz, die für Gorillas als Lebensraum nicht in Frage kam.

Nach Schallers Ansicht lebten die östlichen Gorillas zunächst in den Bergen und begannen mit der Besiedelung des Flachlandes von Osten nach Westen, nachdem die Verbindung zu ihren westlichen Verwandten abgebrochen war. Diese Annahme ergibt sich aus der Tatsache, daß die Tiere bisher nur in einen kleinen Bereich des Regenwaldes vorgedrungen sind, obwohl der Lebensraum auch westlich ihres heutigen Verbreitungsgebiets für die Art geeignet wäre.

Natürliche Umgebung

Klima

Im größten Teil des Gorillaverbreitungsgebiet herrscht tropisch warmes Klima, mit jeweils einer kleinen und einer großen Regen- und Trockenzeit im Jahr. In Gabun liegen die Regenzeiten in den Monaten März bis Mai und Oktober bis November, die Trockenzeiten von Juni bis September und von Dezember bis Februar. Regen fällt allerdings auch in den Trockenzeiten. Die durchschnittliche jährliche Niederschlagsmenge beträgt 1532 mm. Die mittleren Tagestemperaturen liegen in den einzelnen Monaten im Minimum zwischen 20,1–23,2 °C, im Maximum zwischen 27,0–32,8 °C (Rogers et al. 1988; Williamson et al. 1990).

In Río Muni (Äquatorial-Guinea) beträgt bei einer durchschnittlichen Meereshöhe von 500–600 m die mittlere Tagestemperatur 25 °C, das Maximum 33,2 °C und das Minimum 15,5 °C. Als mittlere Luftfeuchtigkeit wurden 90 % errechnet, das Minimum liegt bei 85 %. In etwas höher gelegenen Gebieten ist bis etwa 10.00 h der Wald in dichten Nebel getaucht. Der jährliche Niederschlag reicht von 1800–3800 mm, wobei die größte Menge in den Monaten September bis Dezember und März bis Mai fällt; von Juni bis August regnet es am wenigsten (Jones u. Sabater Pí 1971).

Im Gebiet der östlichen Gorillas hängt die Temperatur stark von der Höhenlage ab. Bei den Grauergorillas, in Lwiro im Kahuzi-Tshibinda-Gebiet (1680 m) reicht die Temperatur von 12,4 °C (Minimum) bis 24,6 °C (Maximum), auf dem nahegelegenen Mt. Bukulumisa (2100 m Höhe) von 9,9–19,2 °C. Die Niederschlagsmenge steigt in dieser Region mit der Höhe; in Lwiro sind es 1590 mm, auf dem Mt. Bukulumisa 2300 mm. Besonders häufig regnet es in den Monaten März bis April und September bis Dezember. Auf dem Mt. Bukulumisa schwankt die Luftfeuchtigkeit zwischen 46 und 82 % (Goodall 1977).

In den Virunga-Vulkanen, einem der beiden Verbreitungsgebiete der Berggorillas, gibt es ebenfalls 2 Regenzeiten (Mitte März bis Mitte Mai und Mitte September bis Mitte Dezember) und 2 Trockenzeiten (Mitte Mai bis Mitte September und Mitte Dezember bis Mitte März). Die Tagestiefsttemperatur beträgt in 3000 m Höhe, bei der Station Karisoke, im Mittel 3–5 °C, die Tageshöchsttemperatur 14–15 °C. Jährlich fallen 2000–2200 mm Niederschlag (Hess 1989).

Im Verbreitungsgebiet der Berggorillas herrscht ein naßkühles Klima, an das die Tiere nicht optimal angepaßt sind. Vielleicht lebten sie ursprünglich in tieferen Lagen, wurden aber durch die Abholzung der Wälder und die starke Besiedelung dieses Gebiets in die höheren Berglagen gedrängt. Erkrankungen der Atemwege, vor allem Lungenentzündungen, sind die häufigsten Todesursachen bei Berggorillas (Fossey 1983; Hess 1989). Die Berggorillas der Virunga-Vulkane legen sich deshalb gern in die Sonne, während Flachlandgorillas, die in heißeren Gebieten vorkommen, den Schatten suchen.

Der größte Teil des Gorillaverbreitungsgebiets liegt im äquatorialen Tiefland Afrikas, dessen Vegetation dem guineo-kongolesischen Typ angehört. Die westlichen Populationen der Grauergorillas leben im Bereich des feuchten Tieflandregenwaldes bis in den Bergregenwald, die östlichen im afromontanen Bereich. Berggorillas bewegen sich sogar bis in den afroalpinen Bereich hinein (Doumenge 1990).

Die Tiere leben sowohl im Primär- als auch im Sekundärwald. Primärwald, d. h. von Menschen weitgehend unberührter Wald, ist gekennzeichnet durch großen Artenreichtum; Sekundärwald entsteht auf Flächen, die nach der Rodung des Primärwaldes brachliegen, und wird geprägt durch massenhaft vorkommende, schnellwüchsige Pflanzenarten.

Flachlandgorilla

Der Primärwald in Río Muni ist folgendermaßen aufgebaut (Jones u. Sabater Pí 1971):

Tieflandwald. Die Baumkronen bilden ein geschlossenes, aber sehr unregelmäßiges Dach von 50–60 m Höhe. In 40 m Höhe eine recht gleichmäßig ausgebildete Stufe von Baumkronen. Häufigste Bäume: das Muskatnußgewächs *Pycnanthus angolensis* sowie die Arten *Desbordesia oblonga* und *Calpocalyx klainei.*

Bergwald. Charakterisiert durch 1–2 m hohe, dichte Bestände des Liliengewächses *Triumfetta cordifolia*, des Wolfsmilchgewächses *Euphorbia camerunensis* und der Hundsgiftgewächsgattung *Strophanthus*, sowie niedrige Kräuter und Gräser.

Sumpfgebiete gehören ebenfalls zum Lebensraum der Flachlandgorillas, während Schimpansen diese Flächen meiden. Im Kongo leben Gorillas in sumpfigen Regionen sogar in recht hoher Dichte (Tabelle 2). In Gabun und der Zentralafrikanischen Republik suchen die Tiere häufig Sumpfgebiete auf, um Pfeilwurzgewächse (Marantaceae) zu fressen (Carroll 1988; Williamson et al. 1990). In den riesigen Sumpfwäldern am Fluß Likouala im östlichen Kongo findet man nach Fay et al. (1989) folgende Vegetationstypen:

Sumpf. Dominierende Pflanzen: häufig Palmen der Gattung *Raphia*. Boden ständig naß und je nach Jahreszeit mit bis zu 1 m Wasser bedeckt.

Überflutete Wälder. Geschlossener Wald ohne einkeimblättrige Bäume. Dominante Bäume: *Guibourtia demeusii*, Wolfsmilchgewächse der Gattung *Uapaca* und andere.

Terra firma. Dichter Wald mit zeitweise trockenem Boden. Große Artenvielfalt. Häufige Baumarten: *Pentaclethra macrophylla* und *Tetrapleura tetraptera*.

Savannen. Dominiert von Süß- und Sauergräsern verschiedener Arten.

Gorillas durchwandern in Gabun gelegentlich Savannen, allerdings nur auf dem Weg zu fruchttragenden *Uapaca*-Bäumen, die in den Galeriewäldern wachsen, welche die Savanne durchziehen. Diese Savannen werden von verschiedenen Grasarten gebildet, und an ihren Rändern wachsen verschiedene Sträucher (Williamson et al. 1988).

In der Zentralafrikanischen Republik gibt es folgende Vegetationstypen: dichter Wald, *Gilbertiodendron dewevrei*-Wald, *Raphia*-Sumpf, sumpfige Lichtungen, Sekundärwälder, Savannen/Waldränder, Wälder an Flußläufen (10–20 m hohe Bäume, kein Unterwuchs) sowie überflutete Wälder, die vor allem *Uapaca*–Stelzwurzelbäume und im Unterwuchs Pfeilwurzgewächse enthalten (Carroll 1988).

Grauergorilla

Der typische Lebensraum dieser Gorilla–Unterart besteht aus einem Mosaik von Primärwald, Sekundärvegetation verschiedener Stadien und Kulturflächen. Der Primärwald im Tiefland zeichnet sich durch 40–60 m hohe Bäume aus (Abb. 10), der Bergwald dagegen wird von niedrigeren Bäumen (27–47 m) gebildet und enthält weniger Kletterpflanzen. In höheren Lagen kommt neben dem Bergwald zwischen 2400 und 3300 m Bambuswald vor, der 9–12 m oder bis 7 m hoch wird (Abb. 11). Mt. Tshiaberimu, der nordöstlichste Punkt des Verbreitungsgebiets der Grauergorillas, ist vor allem von solchem Bambuswald bewachsen (Schaller 1963). Außerdem besuchen Gorillas auf den Bergen Kahuzi und Biega häufig Sümpfe, die vom Breitblättrigen Zypergras *(Cyperus latifolius)* dominiert werden.

Der gebirgige Teil des Kahuzi-Biega-Gebiets (der ursprüngliche Bereich des Kahuzi-Biega-Nationalparks) ist mit folgenden Vegetationszonen bedeckt (Casimir 1975; Goodall 1977):

Bergwald. 2000–2400 m. Dominante Bäume: die Wolfsmilchgewächse *Sapium ellipticum* und *Macaranga kilimandscharica* sowie *Carapa grandiflora*. Auf 28 % der Fläche des gesamten Gebiets Primärwald, auf 20 % Sekundärwald.

Abb. 10. Tieflandregenwald im Maiko-Nationalpark, Zaire.

Bambuswald. 2350–2600 m. Fast ausschließlich die Bambusart *Arundinaria alpina*. Nimmt 37 % der Fläche ein.

Sumpfwald. 2250–2350 m. Die dominanten Bäume gehören zu den Gattungen *Xymalos*, *Draecona* und *Halophyllus*.

Zypergrassumpf. 2200–2250 m. Wird gebildet vom Breitblättrigen Zypergras *(Cyperus latifolius)*.

***Hagenia*-Wald.** 1800–2100 m. Offene Vegetation, dominiert von dem zu den Rosengewächsen gehörenden Baum *Hagenia abyssinica*. Adlerfarn *(Pteridium)* und Süßgräser im Unterwuchs.

Abb. 11. Berggorillagruppe im Bambuswald.

Wiesen. 2300 m. Dominiert von *Imperata* sp. und Elefantengras *(Pennisetum purpureum).*

Gorillas leben auf den Bergen Kahuzi und Biega zwischen 2100 und 2400 m Höhe. In den Itombwe-Bergen, dem südlichsten Zipfel des Verbreitungsgebiets östlicher Gorillas, kommen sie zwischen 2200 und 2600 m vor (Goodall u. Groves 1977). Der Großteil des Verbreitungsgebiets der Grauergorillas liegt jedoch tiefer, wie beispielsweise der Erweiterungsteil des Kahuzi-Biega-Parks, dessen Wald zwischen 900 und 1500 m Höhe von Arten der Familie Caesalpiniaceae dominiert wird. Dazwischen gibt es Tieflandregenwald, Lichtungen mit Wiesen und Sumpfzonen (Yamagiwa et al. 1992a).

36

Berggorilla

An den steilen Flanken der Virunga-Vulkane läßt sich die Abfolge der Vegetationsstufen besonders deutlich verfolgen (Fossey 1983; Hess 1989; Schaller 1963):

Bergwald. Unterhalb 3000 m. Zahlreiche Baumarten; geschlossener Wald mit meist 12–18 m, aber auch bis zu 33 m hohen Bäumen. Dichter, 1,3–1,7 m hoher Unterwuchs, viele Kletterpflanzen.

Bambuswald. 2500–3300 m. Fast nur der Bambus *Arundinaria alpina*; 5–12 m hoch.

Hagenia-Wald. 2740–3700 m. Offene Vegetation; Baumkronen bedecken höchstens 50 % der Fläche. Charakterbaum: das Rosengewächs *Hagenia abyssinica*. 20–30 m hoch. 7–9 m hohe Sträucher und dichte, 1,7–2,7 m hohe Krautschicht, dominiert von dem Kreuzkraut *Senecio trichopterygius*, dem Ruwenzori-Ampfer *(Rumex ruwenzoriensis)*, der Distel *Carduus afromontanus* oder der Nessel *Laportea alatipes* (Abb. 14).

Hypericum-Wald. 3300–3800 m. Die meisten Pflanzen wachsen auch im Bergwald. Charakterpflanze: das baumförmige Johanniskraut *Hypericum lanceolatum*. Ausgeprägte Strauchschicht; Unterwuchs 2–3 m hoch.

Baumheide. 3300–3800 m. Charakterpflanzen: Baumheide *(Erica arborea)* und *Philippia johnstonii*. 7–10 m hoch. An den Bäumen Bartflechten, Boden mit Moos bedeckt.

Abb. 12. Blick auf die Virunga-Vulkane vom Gipfel des Visoke. Im Vordergrund Riesensenecios.

Wiesen. 3300–3800 m, auf den Sätteln zwischen den Bergen. Sumpfig, geprägt von Süß- und Sauergräsern.

Riesensenecios und -lobelien. 3300–4300 m. Offene Vegetation ohne Sträucher; Charakterpflanzen: die baumförmigen Kreuzkräuter *Senecio erici-rosenii* und *Senecio alticola* sowie verschiedene Lobelien, z. B. *Lobelia wollastonii*. Boden bedeckt mit Kräutern, Gräsern, Moosen und Flechten (Abb. 12).

Alpine Zone. Ab 3550–4300 m. Keine Bäume; Gräser und Schafgarben bestimmen das Bild. Dazwischen Moospolster.

Die Gorillas nutzen alle diese Zonen mehr oder weniger häufig, der beliebteste Lebensraum ist jedoch der *Hagenia*-Wald. Lichtungen im Wald meiden und überqueren sie schnell; in die alpine Zone dringen sie nur sehr selten vor. Berggorillaspuren wurden bis in etwa 4100 m Höhe nachgewiesen (Hess 1989; Schaller 1963).

Im Impenetrable Forest, in dem ebenfalls Berggorillas leben, sind in 1160–2600 m Höhe verschiedene Vegetationsstufen vom Tiefland- bis zum Bergregenwald vertreten; wie schon der Name sagt, ist die Vegetation dort außerordentlich dicht.

Zum Gorillaverbreitungsgebiet gehören jedoch nicht nur unberührte Wälder, sondern auch von Menschen beeinflußte Vegetation. Wie sich die Wälder im östlichen Afrika nach menschlichen Eingriffen regenerierten, beschrieb Schaller (1963). Beim Brandrodungs-Ackerbau in diesem Gebiet wurden die Bäume nach seinen Beobachtungen in 3–5 m Höhe gefällt und die Fläche daraufhin abgebrannt. Auf dem so vorbereiteten Land baute man ein oder mehrere Jahre lang Kulturpflanzen wie Maniok oder Bananen an und überließ die Fläche anschließend sich selbst, nachdem eine neue Parzelle abgebrannt worden war. Da diese Felder in oder am Rand von Sekundärwäldern lagen und Gorillas die dort kultivierten Pflanzen gern fraßen, hielten sich die Tiere häufig auf Ackerflächen auf (Emlen u. Schaller 1960; Schäfer 1960).

Die Brachflächen erholten sich folgendermaßen:

Nach 1 Jahr: Kräuter, Gräser und Kletterpflanzen haben sich ausgebreitet.

Nach 2–3 Jahren: Mehrjährige krautige Pflanzen (vor allem Ingwergewächse der Gattungen *Aframomum* und *Costus* und Pfeilwurzgewächse der Gattungen *Megaphrynium* und *Marantochloa*) und Sträucher setzen sich in der sehr dichten Vegetation langsam durch. Wenige, schnellwüchsige Arten prägen die Flächen.

Nach 4–20 Jahren: Der schnellwüchsige Schirmbaum *(Musanga cecropioides)* dominiert.

Nach 20–50 Jahren: Die typischen Regenwaldbäume drängen die Schirmbäume zurück und der Unterwuchs wird immer lichter.

Nach mehr als 50 Jahren: Die Vegetation ist von der des Primärwaldes für Laien kaum noch zu unterscheiden.

Bevorzugte Lebensräume

In den oben beschriebenen, sehr unterschiedlichen Lebensräumen kommen Gorillas in ganz verschiedener Dichte vor. Wie hoch die Zahl der Gorillas in den einzelnen Lebensräumen ist, wurde bisher jedoch nur für Flachlandgorillas untersucht (Tabelle 2). Generell stellten die Autoren fest, daß die Populationsdichte im Sekundärwald wesentlich höher liegt als im Primärwald, wenngleich es auch innerhalb dieser Vegetationsformen große Unterschiede gibt. Auf Lichtungen und an Straßenrändern, wo die Pflanzen für Gorillas offenbar sehr attraktiv sind, halten sich die Tiere besonders häufig auf. Die maximale Bestandsdichte von rund 11 Gorillas/km^2 ermittelte Richard Carroll (1988) an Straßen mit junger Sekundärvegetation. Auch Sumpfgebiete gehören sowohl bei Flachland- als auch bei Grauergorillas zu den stark genutzten Lebensräumen; von den Schimpansen, die ebenfalls dort vorkommen, werden Sümpfe dagegen gemieden (Tabelle 2; Yamagiwa et al. 1992a).

Neben den detaillierten Studien, bei denen die Populationsdichten genau festgestellt wurden, veröffentlichten verschiedene Autoren noch weitere Angaben ohne genaue Zahlenwerte. Jones u. Sabater Pí (1971) beobachteten Flachlandgorillas in Río Muni fast ausschließlich im Sekundärwald. Auch Bützler (1980) sah die Tiere in Kamerun vor allem in Sekundärvegetation, wo sie oft von Menschen angelegten Waldwegen bis zu 8,5 km weit folgten.

Bestandszahlen

Flachlandgorilla

Den Bestand von Flachlandgorillas schätzte die IUCN (International Union for the Conservation of Nature) in den 70er Jahren auf 9000 Tiere. Bei einer Bestandsaufnahme Anfang der 80er Jahre in verschiedenen Gebieten Gabuns erhielten Tutin u. Fernandez (1984) jedoch eine hochgerechnete Gesamtzahl von 35000 Tieren in diesem Staat. Diesen hohen Bestand hatten die meisten Fachleute nicht erwartet, da sie dachten, Gorillas lebten in erster Linie in Sekundärwald. In Gabun, das zu rund 80 % von relativ unberührten Wäldern bedeckt ist, hatten sie keine nennenswerte Zahl von Gorillas vermutet; die Bestandsaufnahmen bewiesen jedoch, daß die Tiere auch in Primärwäldern in hohen Populationsdichten lebten.

Im Kongo nehmen die Gorillazahlen zwar ständig ab, bisher sind die Tiere dort aber noch nicht von der Ausrottung bedroht (Fay 1991). Allerdings liegen für diesen Staat, in dem möglicherweise nach Gabun die meisten Gorillas leben, keine aktuellen Schätzungen vor. Als besonders kritisch gilt dagegen der Bestand der Gorillas in Nigeria mit rund 110 Tieren. Heute wird die Gesamtzahl der Flachlandgorillas auf 38000–56000 geschätzt (Tabelle 3).

Grauergorilla

Bei einer sehr groben Schätzung der Zahl östlicher Gorillas im Jahr 1959 kamen Emlen u. Schaller (1960) auf 3000–15000 Tiere. Den Großteil bildeten damals wie heute Populationen, die der Unterart *Gorilla gorilla graueri* zuzurechnen sind. Ihr Bestand ist heute fast eben so schwer zu schätzen wie vor mehr als 30 Jahren, denn bis auf den Kahuzi-Biega-Nationalpark wurde bisher in keiner Region eine Bestandsaufnahme durchgeführt.

Bei einem Vergleich von Zählungen im alten Parkgebiet mit seinen an Menschen gewöhnten Gruppen stellte Juichi Yamagiwa (1991) fest, daß die Populationsgröße zwischen 1978/79 und 1990 fast gleich geblieben war. Die Größe der Gruppen hatte aber stark abgenommen (von durchschnittlich 15,6 Tieren auf 10,8 Tiere) und die Größe ihrer Streifgebiete hatte sich gleichzeitig vergrößert. Im gesamten Gebiet des Kahuzi-Biega-Parks sollen nach Merz (1991) 1700–2700 Gorillas leben. Neuere Untersuchungen zum Gesamtbestand der Grauergorillas fehlen; nach der letzten Schätzung gibt es von dieser Unterart noch rund 4000 Tiere (IUCN 1988).

Berggorilla

Die Gorillapopulation der Virunga-Vulkane wurde mehrmals geschätzt bzw. exakt gezählt. Schaller (1963) kam 1960 auf 400–500 Tiere, doch bei einer erneuten Schätzung in den Jahren 1971–73 waren es nur noch 261. In einigen Teilen des Gebiets gab kaum Jungtiere und der Bestand galt deshalb als abnehmend (Groom 1973). In den 80er Jahren wurden jedoch wieder viele Junge geboren, und gleichzeitig stieg die Zahl der Virunga-Gorillas erfreulicherweise an (Abb. 13). Zusammen mit den Tieren des Impenetrable Forest gibt es heute 600–650 Berggorillas.

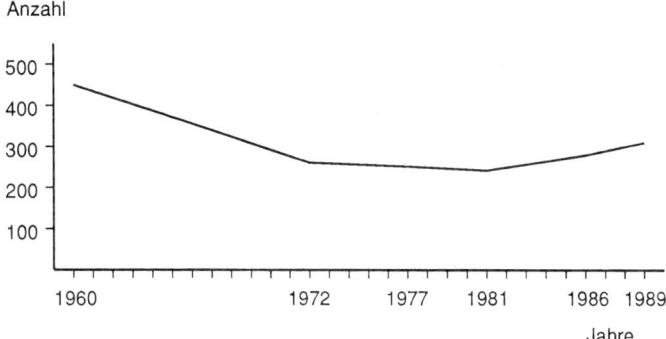

Abb. 13. Entwicklung des Gorillabestandes in den Virunga-Vulkanen.

Gorillaforschung im tropischen Afrika

Die intensive Erforschung der Lebensweise von Menschenaffen im Freiland begann Anfang der 60er Jahre. Besonders bekannt wurde bald die Arbeit von Jane Goodall an Schimpansen in Tansania, die die Tiere durch Anfütterung an Menschen gewöhnte (Goodall 1971, 1986). Diese Methode ersetzte sie allerdings nach und nach durch die direkte Beobachtung einzelner Tiere, da die Schimpansen bei der künstlichen Fütterung oft nicht ihr natürliches Verhalten zeigten.

Der erste Forscher, der an Gorillas eine umfangreiche Freilandstudie zur Lebensweise und zum Verhalten durchführte, war der Amerikaner George Schaller (1963). Er beobachtete insgesamt 458 Stunden lang die Berggorillas in den Virunga-Vulkanen, indem er sich ihnen vorsichtig näherte, bis sie seine Anwesenheit akzeptierten. Dies war nur möglich, weil die Tiere in diesem Gebiet kaum gejagt wurden; sobald sie den Menschen als Feind betrachten, sind Gorillas nicht oder nur mit sehr viel Geduld direkt zu beobachten.

Jones u. Sabater Pí (1971) versuchten aus diesem Grund in Río Muni erst gar nicht, die Tiere an sich zu gewöhnen, sondern tarnten sich mit unauffälliger Kleidung und vorsichtigen Bewegungen. Caroline Tutin und Michel Fernandez (1991a) brauchten in Gabun mehrere Jahre, bis 2 Flachlandgorillagruppen zeitweise die Anwesenheit der Wissenschaftler akzeptierten, doch auch dann konnten sie sich den Tieren auf höchstens 20 m nähern.

Angesichts dieser Schwierigkeiten wird deutlich, daß eine Freilandarbeit zum Verhalten von Gorillas sich über Jahre, ja sogar Jahrzehnte hinziehen muß. Dian Fossey leistete diese Arbeit bei den Berggorillas in Ruanda von 1967 bis 1985, und durch ihre Veröffentlichungen und Filme wurden diese Menschenaffen schließlich einem breiten Publikum bekannt (Fossey 1983, 1989). In der von ihr gegründeten Forschungsstation Karisoke (Abb. 14) arbeiteten bis heute zahlreiche Wissenschaftler an den Gorillas.

Abb. 14. Die von Dian Fossey in Ruanda gegründete Station Karisoke im Jahr 1992.

Um die einzelnen Tiere eindeutig zu identifizieren, legte Dian Fossey eine Kartei mit Nasenzeichnungen an, da die Form der Nasen und ihre Falten jedes Tier ähnlich wie ein Fingerabdruck kennzeichnen. Auf diese Weise konnte sie Individuen wiedererkennen, die sie schon jahrelang nicht gesehen hatte. Auch für exakte Bestandsaufnahmen ist diese Methode unerläßlich (Groom 1973).

In anderen Gebieten ist es nicht möglich, Gorillas direkt zu zählen, da sie viel zu scheu sind. Dies gilt vor allem für Grauer- und Flachlandgorillas, die häufig gejagt werden. In solchen Fällen ist man auf ihre Spuren angewiesen, um Bestandszahlen zu erhalten (Abb. 17). Die wichtigsten unverwechselbaren Spuren sind Kot und Nester. Berggorillakot hat eine feste Konsistenz und eine typische dreiteilige Form. Bei Flachlandgorillas ist er weicher, aber dennoch leicht von den Exkrementen anderer Tiere zu unterscheiden. Kotballen von Silberrückenmännern erreichen einen Durchmesser von bis zu 7,5 cm (Fossey 1983).

Für Bestandsaufnahmen liefern die Nester exaktere Hinweise. Um sie zu erfassen, läuft man auf vorher festgelegten, geraden Wegen durch den Wald und registriert alle Gorillanester, die von diesen Wegen sichtbar sind. Aus ihrer Anzahl lassen sich Schlüsse auf die Gruppengröße ziehen, aus ihrer Größe auf Alter und Geschlecht des Benutzers und aus dem Zerfallsstadium auf das Alter des Nestes. Alle diese Faktoren liefern schließlich Hinweise auf die Populationsdichte, aus der sich durch Hochrechnung die Bestandszahl ermitteln läßt (Tutin u. Fernandez 1984).

Gemeinsam ist allen bisher durchgeführten Freilandarbeiten an Gorillas, daß die Forscher ihre Arbeit nicht auf das Sammeln wissenschaftlicher Daten beschränken konnten, sondern daß sie auch Maßnahmen zum Schutz der Tiere ergriffen. Dazu gehörte die Einrichtung von

Schutzgebieten bzw. in solchen Gebieten, die bereits offiziell unter Schutz standen, die Ausrüstung von Wildhütern, die Bekämpfung der Wilderei und anderer illegaler Tätigkeiten sowie die Aufklärung der Bevölkerung (s. S. 182–186).

▨ Ernährung

Die Zusammensetzung der Nahrung richtet sich nach dem Lebensraum. Berggorillas ernähren sich zum größten Teil von grünen Pflanzenteilen, während Flachlandgorillas sehr viele Früchte zu sich nehmen. Der Anteil von Früchten in der Nahrung hängt allerdings von der Jahreszeit ab. In der Trockenzeit, die im Juli und August ihren Höhepunkt erreicht, gibt es nur wenige saftige Früchte und die Tiere müssen verstärkt auf Samen ausweichen.

Meist wachsen die Früchte auf Bäumen – in Gabun beispielsweise zu 65 % in Höhen von 15–35 m (Tutin u. Fernandez 1987). Weibliche und männliche Gorillas jeden Alters klettern hinauf, um sie zu ernten. Dagegen gibt es im Lebensraum der Berggorillas nur sehr wenige fruchttragende Bäume. Der geringe Anteil von Früchten in ihrer Nahrung geht möglicherweise auf die ständige Verkleinerung ihres Lebensraums zurück, die sie immer mehr in extreme Lebensräume drängt.

Bei Flachlandgorillas machen Früchte zwar einen höheren Prozentsatz der Nahrung aus als Blätter oder Stengel, Mark und Sprosse, doch immer noch deutlich weniger als bei den anderen Menschenaffenarten; diese ernähren sich zu weit mehr als 50 % von Früchten. Tiere (vor allem Insekten) werden von allen bisher untersuchten Gorillas regelmäßig aufgenommen, bilden aber mit weit weniger als 0,1 % keinen nennenswerten Anteil an der Nahrung. Anders sieht es bei den übrigen Menschenaffenarten aus: Ihre Nahrung enthält bis zu 6 % tierische Anteile (Tabelle 4).

Im Vergleich zu den Zähnen der anderen Menschenaffenarten nutzen sich die der Gorillas wenig ab und weisen kaum Karies auf (Lovell 1990; Schultz 1950). Während bei Flachlandgorillas Karies gelegentlich auftritt, erkranken Berggorillas wegen des sehr geringen Fruchtanteils in ihrer Nahrung fast nie daran. Stattdessen sind die Zähne der Berggorillas regelmäßig schwarz gefärbt, und starker Zahnstein führt zu Parodontose, Auflösung der Kieferknochen und schließlich zu Zahnverlust. Die Oberkiefer erwachsener Tiere sind häufig so stark geschädigt, daß die Zahnwurzeln freiliegen. Flachlandgorillas lagern dagegen wenig Zahnstein ab und erkranken kaum an Parodontose (Lovell 1990).

Ein ausgewachsener Grauergorillamann frißt nach Schätzungen von Goodall (1977) täglich etwa 30 kg Pflanzen, ein erwachsenes weibliches Tier rund 18 kg. Trotz ihrer fast rein pflanzlichen Kost unterscheidet sich das Verdauungssystem der Gorillas nicht erkennbar von dem des Menschen oder des Schimpansen. Wie die Nahrung aufgeschlossen wird, ist noch nicht ganz geklärt; möglicherweise sind den Menschenaffen dabei Mikroorganismen im Darm als Symbionten behilflich (Collet et al. 1984; Tutin et al. 1991a).

Das Hochwürgen und Wiederaufnehmen von Nahrung, das Gorillas in Zoos häufig zeigen, ist von freilebenden Tieren nicht bekannt. Wahrscheinlich liegt die Ursache für dieses Verhalten in der Art der Ernährung, die im Zoo nur einen kleinen Bruchteil der Zeit beansprucht, den Gorillas im Freiland damit verbringen (Akers u. Schildkraut 1985; Harcourt u. Stewart 1984). Häufig sind die Tiere außerdem gezwungen, sehr hastig zu fressen, damit ihnen das Futter nicht von dominanten

Gruppenmitgliedern abgenommen wird. Meist lernen Jungtiere das Hochwürgen der Nahrung von Erwachsenen und machen es sich zur Gewohnheit, doch bei entsprechender Futterumstellung kann es oft ganz abgestellt werden (Ruempler 1990).

Daß Gorillas Wasser trinken, wurde bisher im Freiland kaum gesehen; sie decken offenbar ihren gesamten Flüssigkeitsbedarf mit der Nahrung (Hess 1989).

▨ Vielerlei Nahrungspflanzen

Da Gorillas in sehr verschiedenen Lebensräumen vorkommen, unterscheidet sich die Ernährung der einzelnen Populationen ganz wesentlich. Sogar einzelne Gruppen und bestimmte Individuen zeigen teilweise ganz verschiedene Nahrungstraditionen. Zur exakten Berechnung des prozentualen Anteils einzelner Pflanzenarten und -teile an der aufgenommenen Nahrung müßte man die entsprechenden Mengen abwiegen; da dies nicht möglich ist, können alle Angaben nur Schätzungen sein. Bei direkter Beobachtung wird in der Regel die Zeit gemessen, die die Tiere mit der Aufnahme verschiedener Nahrung verbringen. Bei der Analyse von Kotproben, auf die sich die meisten Untersuchungen an Flachlandgorillas beschränken, sind jedoch viele Pflanzenarten und ihr Anteil an der Nahrung nicht exakt zu bestimmen.

Flachlandgorilla

Das Nahrungsspektrum dieser Unterart ist wesentlich breiter als das der anderen Unterarten: Bis zu 198 Pflanzenarten fressen diese Tiere (Tutin et al. 1991a). Obwohl die Zusammensetzung der Nahrung je nach Lebensraum stark variiert, stellen in allen Gebieten verschiedene Arten zweier Familien, der Ingwergewächse

(Zingiberaceae) und der Pfeilwurzgewächse (Marantaceae), die Hauptnahrungspflanzen der Flachlandgorillas dar. Alle diese Arten sind krautige Pflanzen.

Nach Ansicht von Bützler (1980) ziehen in Kamerun *Aframomum*-Arten (Ingwergewächse) die Tiere in den Sekundärwald, wo sie Hauptnahrungspflanzen sind. In diesem Waldtyp machen die Früchte und das Stengelmark verschiedener *Aframomum*-Arten allein 80–90 % ihrer Nahrung aus, insgesamt sind es 47 %; vermutlich spielen die Gorillas eine wesentliche Rolle bei der Verbreitung dieser Pflanzen. Auch zur Verbreitung anderer Pflanzenarten tragen die großen Menschenaffen bei. Ein Beispiel dafür ist der Kolabaum *Cola lizae*: Die Samen dieses Baumes keimen leichter, wenn sie den Darm der Gorillas passiert haben (Jones u. Sabater Pí 1971; Sabater Pí 1977; Tutin et al. 1991b).

Im Lopé-Gebiet in Gabun, das vorwiegend aus Primärwald besteht, fressen die Gorillas als Zusatznahrung häufig Rinde der Afrikanischen Eiche *(Milicia excelsa)*, insbesondere in der langen Trockenzeit von Juni bis August, da es dann nur wenige Früchte gibt. In Sumpfgebieten ernähren sie sich vorwiegend von den dort dominierenden Pfeilwurzgewächsen (Williamson et al. 1988, 1990). Im Sekundärwald des gesamten Verbreitungsgebiets bilden Rinde, Knospen, Blätter und Früchte des Schirmbaumes *(Musanga cecropioides)* einen weiteren wichtigen Nahrungsbestandteil. Auch Kulturpflanzen werden häufig von Gorillas gefressen, vor allem das Mark von Bananenstauden (*Musa sapientium* und *Musa paradisiaca*) sowie Kraut und Knollen des Maniok *(Manihot esculenta)*. In Río Muni, wo die Gorillas 74 % ihrer Nahrung im Sekundärwald und 13,5 % im Primärwald finden, bilden Kulturpflanzen 12,5 % ihrer Nahrung (Jones u. Sabater Pí 1971; Sabater Pí 1977; Bützler 1980).

Die chemischen Bestandteile der Nahrungspflanzen wurden von Calvert (1985) in Kamerun und von Rogers et al. (1988, 1990) in Gabun analysiert. Sie können bis zu 22 % Tannin enthalten, wesentlich mehr als die der Berggorillas. Generell sind die von Flachlandgorillas verzehrten Früchte jedoch saftig, süß und fett-, eiweiß- und gerbstoffarm. In Río Muni bilden Früchte mehr als 50 % der Nahrung, wenn die entsprechenden Bäume fruchten (Sabater Pí 1960). Nach Jorge Sabater Pí (1977) klettern in Río Muni junge Gorillas auf fruchtende Bäume und brechen Äste mit Früchten ab, die sie dann den schwereren Gruppenmitgliedern hinunterwerfen. 98 % der in Gabun gesammelten Kotproben enthielten Reste von Früchten, die zu 95 verschiedenen Pflanzenarten gehörten (Williamson et al. 1990).

Grauergorilla

Nach Casimir (1975) gehören die Nahrungspflanzen dieser Unterart im Primär- und Sekundärwald der Berge Kahuzi und Biega den unterschiedlichsten Familien an. Im Bambuswald sind Bambussprosse (*Arundinaria alpina*) und im Zypergrassumpf die Blattbasen dieses Sauergrases fast die einzige Nahrung. Casimir analysierte die chemische Zusammensetzung der verschiedenen Nahrungspflanzen in diesem Gebiet. Danach enthält Bambus, eine zentrale Nahrungspflanze, reichlich Proteine, aber auch sehr viel Blausäure – bis zu 0,14 % des Frischgewichts.

Im Bergwald besteht die Nahrung vor allem aus Blättern und Rinde; Früchte bilden einen äußerst geringen Teil, weniger als bei allen anderen untersuchten Populationen (Tabelle 4). In der Trockenzeit ernähren sich Gorillas dort auch zu einem beträchtlichen Prozentsatz von Baumrinde. Im tiefer liegenden Regenwald nahe diesen Bergen dagegen machen Früchte 41 % der Anzahl ihrer Nahrungsbestandteile aus, und im Itebero-Utu-Gebiet, das ebenfalls im Kahuzi-Biega-Nationalpark liegt, sind es sogar mehr als 50 %. Dennoch hängt der Anteil von Früchten stark von der Jahreszeit ab; in der Trockenzeit, wenn die meisten Bäume fruchten, fressen die Gorillas sehr viele Früchte, in der langen Regenzeit dagegen vorwiegend ballaststoffreiche Nahrung (Yamagiwa et al. 1989c, 1992a).

Wo Grasland große Flächen bedeckt, wie in Masisi, bilden Gräser einen wichtigen Nahrungsbestandteil, beispielsweise Elefantengras *(Pennisetum purpureum)*. Im Primärwald nehmen die Tiere in diesem Gebiet kaum Nahrung auf, sehr häufig suchen sie dagegen Kulturflächen auf; vor allem das Mark von Bananenstauden *(Ensete ventricosum)* fressen die Gorillas dort in großen Mengen (Yumoto et al. 1989).

In der Sekundärvegetation des Tieflandgebiets bilden Pflanzen der Gattung *Aframomum* den wichtigsten Teil der Nahrung, ebenso wie bei Flachlandgorillas. Häufig greifen die Tiere auch auf Feldfrüchte zurück, wobei sie ebenfalls bevorzugt das Mark der Bananenstauden sowie Maniokknollen aufnehmen. Stellenweise fressen sie angepflanzten Mais und Erbsen (Schaller 1963).

Berggorilla

Ihr Nahrungsspektrum bietet im Vergleich zu dem der anderen Unterarten nur wenig Abwechslung. In den Virunga-Vulkanen fressen die Gorillas nur 38 verschiedene Pflanzenarten (Schaller 1963; Watts 1984). In den *Hagenia*-Wäldern, wo sie 80 % ihrer Nahrung aufnehmen, bilden Labkraut *(Galium ruwenzoriense)*, Disteln *(Carduus nyassanus)*, Sellerie *(Peucedanum linderi)* und Nesseln *(Laportea alatipes)* rund 3/4 und damit die Hauptbestandteile ihrer Nahrung. Bei allen diesen Arten handelt es sich um Kräuter und Kletterpflanzen. Die Tie-

Abb. 15. Ein Berggorilla schält einen Selleriestengel.

re fressen zu 96 % am Boden; Bäume spielen für die Ernährung der Berggorillas nur eine geringe Rolle. Im Impenetrable Forest bilden ebenso wie in den Virunga-Vulkanen verschiedene Kletterpflanzen die Hauptnahrung der Gorillas, insbesondere das Kürbisgewächs *Momordica foetida* (Schaller 1963).

Nach Fossey u. Harcourt (1977) besteht die Nahrung von Berggorillas im Mittel zu 85,8 % aus Blättern, Trieben und Stengeln und zu 1,7 % aus Früchten. Diese Zahlen lassen sich jedoch nicht verallgemeinern; die Zusammensetzung der Nahrung jeder Gorillagruppe hängt von der Häufigkeit der einzelnen Pflanzen in ihrem Streifgebiet ab und variiert deshalb stark. In einer von David Watts (1984) beobachteten Gruppe nahmen die Tiere beispielsweise 95 % Blätter und Stengel und nur 0,2 % Früchte auf (Tabelle 4; Abb. 15).

Die einzigen Früchte, die die Tiere in größeren Mengen fressen, sind die des Baumes *Pygeum africanum*. Sie sind so begehrt, daß sogar Silberrückenmänner oft auf die bis zu 20 m hohen Bäume klettern, um sie zu pflücken (Fossey 1983). Bambus *(Arundinaria alpina)* ist eine bevorzugte Futterpflanze, insbesondere die Sprosse, die allerdings nur vom Oktober bis in den frühen Dezember zur Verfügung stehen. In dieser Zeit bilden sie jedoch einen wichtigen Teil der Gorillanahrung (Vedder 1984).

Gelegentlich nagen die Tiere auch verrottendes Holz ab, ebenso wie gewisse Pilze, z. B. den Baumpilz *Ganoderma applanatum*. Dieser wohlschmeckende Pilz ist so selten und so begehrt, daß es darüber oft zu Streit in der Gruppe kommt. In der alpinen Zone kratzen Gorillas Flechten von Steinen ab, um sie zu fressen (Hess 1989; Schaller 1963).

▨ Pflücken, putzen, schälen und andere Vorbereitungen

Gorillas sammeln ihre Nahrung fast ausschließlich mit den Händen. Die Aufbereitung und Zerkleinerung der Pflanzen erfolgt mit Händen und Zähnen, wobei die Tiere nicht immer schonend mit der Vegetation umgehen; vor allem erwachsene Männer brechen oft ganze Äste oder sogar junge Bäumchen ab, um die Blätter zu pflücken (Williamson et al. 1990). Um an das Mark von Pflanzenstengeln zu gelangen, ergreifen sie die Stengel mit den Zähnen und reißen sie mit den Händen auseinander, oder sie halten sie in den Händen und reißen mit den Zähnen die äußeren Schichten in Streifen ab (Abb. 15).

Ungenießbare Teile werden abgebissen und ausgespuckt oder vorsichtig mit den Lippen entfernt (Schaller 1963).

Jedes Tier führt die Handgriffe, mit denen die Nahrungspflanzen gepflückt, geschält und zerkleinert werden, bei jeder einzelnen Pflanzenart auf eine bestimmte Weise aus, in der Regel immer mit der gleichen Hand. Diese Bearbeitungsmethoden lernen junge Gorillas durch Beobachtung ihrer Mutter in den ersten Lebensjahren. Dabei ahmen sie allerdings die Abläufe nicht auf primitive Weise nach, sondern eignen sie sich auf einer höheren Lernstufe an; mit welcher Hand sie die Handgriffe ausführen, hängt nicht von der Mutter ab (Byrne u. Byrne 1991).

Blätter zupfen Gorillas entweder einzeln mit Fingern oder Lippen ab oder sie streifen sie mit einer Hand von den Zweigen, so daß sie schließlich einen Strauß in der Hand halten (Fossey u. Harcourt 1977). Labkraut und andere Kletterpflanzen drücken sie zu einem Knäuel zusammen, bevor sie sie verzehren (Hess 1989; Schaller 1963).

Grauergorillas ernten sehr junge Bambussprosse, indem sie bis zu 20 cm tiefe und breite Löcher graben und die Sprosse abbrechen (Casimir 1975). Auch Wurzelstöcke und Knollen, beispielsweise Maniok, werden durch Graben freigelegt (Hess 1989; Schaller 1963).

Gegenüber Brennhaaren und Stacheln sind Gorillas offenbar viel weniger empfindlich als Menschen; sie fressen Blätter und junge Triebe von Nesseln, ohne sich an deren Brennhaaren zu stören. Bei Disteln streifen sie oft die stachligen Blätter ab, bevor sie die Stengel fressen, manchmal ignorieren sie die Stacheln allerdings auch (Schaller 1963).

Kleintiere – eine seltene Delikatesse

Wirbellose Tiere werden von Gorillas im allgemeinen nur zufällig gefressen, wenn sie auf ihren Nahrungspflanzen sitzen. Harcourt u. Harcourt (1984) schätzen, daß dies täglich mehrere tausend Insekten, Spinnen und Schnecken sein können, die jedoch nur einem Gewicht von rund 2 g entsprechen. Manche Insekten fangen Berggorillas jedoch auch gezielt; dies gilt besonders für Treiberameisen, die sie mit der Hand aus ihren – zufällig entdeckten – unterirdischen Nestern herausgreifen (Hess 1989; Watts 1989a). Grauergorillas im Tieflandregenwald sammeln regelmäßig Ameisen, indem sie den Boden freilegen (Yamagiwa et al. 1991).

Flachlandgorillas fangen ebenfalls Kleintiere, manche Populationen sogar regelmäßig. Rund 31 % aller Kotproben in Gabun enthalten Reste von Insekten; entweder Weberameisen (*Oecophylla longinoda*; Williamson et al. 1990) oder Termiten (*Cubitermes sulcifrons*; Tutin u. Fernandez 1983, 1985).

Weberameisen fressen die Gorillas, indem sie ihre leicht erreichbaren Blattnester öffnen, in denen sich große Mengen von Larven und Puppen befinden. Termiten fangen sie, indem sie deren Baue mit den Händen aufbrechen. Auch in der Zentralafrikanischen Republik brechen Gorillas oft Termitenbaue auf, um die Insekten zu verspeisen. An manchen Orten legen sie häufig den Boden frei, wahrscheinlich, um dort Ameisen und andere wirbellose Tiere zu suchen (Carroll 1988; Fay 1989; Nishihara u. Kuroda 1991).

Jörg Hess (1989) beobachtete einmal, daß 2 Berggorillas Eier aus einem Vogelnest fraßen, das sie zufällig gefunden hatten; dies ist jedoch der einzige bisher beobachtete Fall der Aufname von Eiern. Honig aus Bienenstöcken interessiert Gorillas offenbar nicht. Jorge Sabater

Pí (1960) beobachtete aber in Río Muni, daß ein Tier Wachs aus einem Wildbienenstock kaute.

Noch nie wurde bisher der Verzehr lebender Wirbeltiere beobachtet, der bei Schimpansen eine so wichtige Rolle für die Ernährung und das Sozialleben spielt. Fossey (1983, 1984a) fand jedoch Knochen und Haare eines Gorillajungen im Kot zweier Gorillafrauen. Wie das Kind zu Tode gekommen und wie es gefressen worden war, bleibt allerdings ungeklärt. Daneben ist nur noch ein weiterer Fall bekannt, in dem Teile eines gestorbenen Säuglings gefressen wurden.

Erde und andere Stoffe

Erde wird von Flachlandgorillas in Gabun vor allem an natriumreichen Stellen aufgenommen; 4 % ihres Kots enthalten Reste davon (Williamson et al. 1990). Das Fressen von Erde wurde auch bei Berggorillas in den Virunga-Vulkanen beobachtet, allerdings nur in manchen Gruppen und nur 5- bis 6mal im Jahr. Ein Grund für dieses Erdefressen könnte der Bedarf an Mineralien sein: Manche Proben der betreffenden Stellen enthielten im Vergleich zu denen anderer Orte viel Natrium, Kalium, Kalzium und Eisen – Elemente, die in der Gorillanahrung nur in geringen Mengen vorkommen. Ein anderer Grund für die Aufnahme von Erde könnte sein, daß ihre mineralischen Bestandteile Giftstoffe in der Nahrung absorbieren und den pH-Wert des Verdauungssystems regulieren (Fossey 1983; Mahaney et al. 1990; Schaller 1963).

Berggorillas fressen auch gelegentlich ihren eigenen oder fremden Kot. In Tausenden von Beobachtungsstunden sahen Alexander Harcourt und Kelly Stewart (1978) allerdings nur 25 solcher Fälle, so daß Exkremente kein bedeutender Bestandteil der Nahrung sein können. In der Regel nahmen die Tiere den Kot unmittelbar nach der Ausscheidung auf, bevorzugt an regnerischen Tagen am Ende der Ruheperiode. Dian Fossey beschrieb, daß die Ausscheidungen mit sichtlichem Genuß verzehrt wurden. Die Funktion dieses Verhaltens ist bisher nicht geklärt. Falls die Verdauung mit Hilfe von Symbionten erfolgt, könnten Kinder, die besonders häufig Kot aufnehmen, auf diese Weise von Erwachsenen die lebenswichtigen Mikroorganismen erhalten.

Feinde

Außer dem Menschen (s.S. 175ff.) haben Gorillas kaum Feinde. Das einzige Raubtier, das gelegentlich einen Gorilla erbeutet, ist der Leopard. In den Virunga-Vulkanen fand Walter Baumgärtel (1977) die Kadaver mehrerer Gorillas, die von Leoparden gerissen worden waren, und aus Gabun ist ein Fall nachgewiesen, bei dem ein krankes Jungtier einem Leoparden zum Opfer fiel (Tutin u. Fernandez 1991a). Ob die Angst vor bestimmten Feinden angeboren ist, wurde noch nicht untersucht. Interessanterweise beobachteten jedoch Böer u. Janke-Grimm (1990) im Zoo bei einem handaufgezogenen Tier eine deutliche Angstreaktion, als eine Frau im Leopardenmantel vor dem Gehege stand.

Wenn sich eine Gorillagruppe bedroht fühlt, zeigen ihre Mitglieder verschiedene Alarmverhaltensweisen. Silberrückenmänner strömen einen besonders intensiven Geruch aus und äußern charakteristische Laute. Die übrigen Tiere streben auseinander und stellen sich starr mit erhobenem Kopf auf, scharen sich eng zusammen und umarmen sich oder versammeln sich um den Mann (Fossey 1972; Harcourt 1979c).

Es gehört zu den Aufgaben erwachsener Männer, ihre Gruppe gegen Angreifer zu verteidigen und sich zwischen den möglichen Feind und die Gruppe zu stellen. Häufig übernehmen jüngere Männer diese Tätigkeit. Sie treiben die Gruppe von der Gefahrenstelle weg und greifen gleichzeitig den Feind an, während Frauen und Jungtiere flüchten (Fossey 1983; Tutin u. Fernandez 1991a).

4 Aktivität und Sozialstruktur

Tageslauf

Clyde Jones und Jorge Sabater Pí (1971) hielten die Aktivitäten von Flachlandgorillas in Río Muni (Äquatorial-Guinea) detailliert fest. Dort beginnen die Gorillas ihren Tag um etwa 6.30 h mit der ersten Mahlzeit. Die Hauptzeiten der Nahrungsaufnahme liegen nach den Erfahrungen der beiden Wissenschaftler zwischen 6.30 h und 8.30 h, 9.00 h und 10.00 h sowie 16.30 h und 18.30 h; nach einer anderen Studie (Sabater Pí 1977) fressen die Tiere vorwiegend zwischen 7.00 h und 9.00 h sowie 14.00 h und 17.00 h (Abb. 16). Die Gorillas äußern während des Fressens häufig Laute. Am häufigsten machen sich die Tiere von 6.30 h bis 8.00 h, von 9.30 h bis 10.00 h, von 15.00 h bis 15.30 h, von 17.30 h bis 18.00 h und nach Einbruch der Dunkelheit von 19.00 h bis 20.00 h bemerkbar.

Der Tagesablauf der Berggorillas in den Virunga-Vulkanen läßt sich nach Schaller (1963) in 4 Abschnitte einteilen: morgens Nahrungsaufnahme (vor allem von 6.00 h bis 8.00 h), mittags Ruhe (besonders von 10.00 h bis 12.00 h), nachmittags Nahrungsaufnahme (Maximum von 15.00 h bis 17.00 h) und nachts wieder Ruhe (von 18.00 h bis 6.00 h). In der Nacht wachen die Tiere

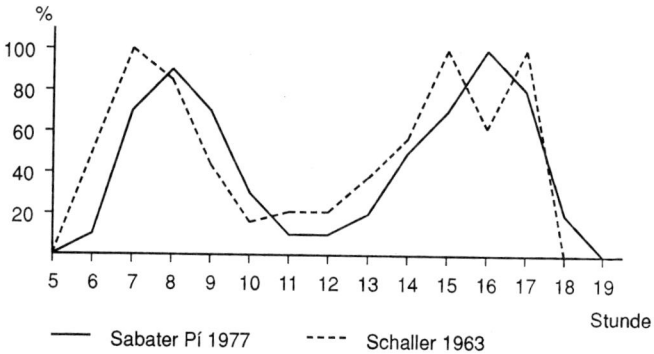

Abb. 16. Tageszeitliche Verteilung der Aktivität (Nahrungsaufnahme und Wanderung).

gelegentlich auf und Silberrückenmänner hört man manchmal brusttrommeln. Bei Sonnenaufgang, etwa um 6.00 h, verlassen sie meist ihre Schlafstellen; doch wenn es am Morgen kalt und bewölkt ist, verlängern sie oft ihren Aufenthalt in den Nestern.

Berggorillas verbringen im Mittel 55,4 % der Tagesstunden mit der Nahrungsaufnahme, wobei Silberrückenmänner länger als alle anderen Tiere fressen. Ruhephasen nehmen 34,4 % der Zeit am Tag ein, Wanderungen 6,5 % und Sozialkontakte 3,6 %. Der Anteil, den die Nahrungsaufnahme beansprucht, hängt stark von der Vegetationszone bzw. den Nahrungspflanzen ab. In der Nesselzone, wo die Nahrung besonders proteinreich und leicht verdaulich ist, verbringen die Gorillas mit 50 % die wenigste Zeit mit Fressen, in der alpinen Zone mit 80 % die meiste. Muß viel Zeit für das Fressen aufgewandt werden, verringert sich entsprechend die Zeit, die den Tieren tagsüber für Ruhepausen bleibt, und auch die sozialen Kontakte nehmen ab, da diese vorwiegend in der Ruhephase stattfinden (Watts 1988). Diese Mittagsruhezeit ist von entscheidender Bedeutung für das Sozialleben der Gruppe, da die Tiere vor allem in dieser Phase ihre Beziehungen pflegen und die Jungtiere ungestört spielen können (Harcourt 1978a).

▨ Schlafen in Nestern

Gorillas schlafen in selbstgebauten Nestern, die sich je nach Vegetation vorwiegend auf dem Boden oder in Bäumen befinden (Abb. 17 und 18). Jeden Abend wird ein neues Schlafnest konstruiert, auch wenn der Schlafplatz nur wenige Meter von dem der vorigen Nacht liegt. Die Vorbereitung und das Beziehen der Nester dauert nach Schaller (1963) in der Regel 1–2 Stunden, wobei weibliche Tiere mehr Zeit für die Konstruktion ihrer Schlafstellen aufwenden. Etwa 1/2 Stunde vor Einbruch der Dunkelheit legen sich die Tiere schließlich zur Ruhe. Gelegentlich bauen sie auch für die Mittagsruhe Nester, die aber meist wesentlich gröber sind als die Nachtnester.

Jedes Tier errichtet seine eigene Schlafstelle, nur Säuglinge übernachten in einem Nest mit ihren Müttern. Für die Lage der Nester der einzelnen Gruppenmitglieder innerhalb der Gruppenschlafstelle gibt es offenbar keine feste Regel, selbst das Nest des Leiters findet man an ganz unterschiedlichen Stellen. Sofern es neben ihm noch andere erwachsene Männer gibt, bauen diese ihre Nester häufig weit vom leitenden Mann entfernt am Rand der Gruppe.

Der Durchmesser des Areals, auf dem die Gruppenmitglieder ihre Schlafstellen anlegen, beträgt bei Flachland- und bei Berggorillas in der Regel 9–30 m. Die Nester der Mitglieder einer Flachlandgorillagruppe liegen in Río Muni nach Jones u. Sabater Pí (1971) 1–16 m auseinander, in 85 % findet sich das Nachbarnest in einem

Abb. 17. Berggorillanest.

Abstand von 10 m oder weniger. In einer anderen Studie, ebenfalls in Río Muni, beobachtete Sabater Pí (1960) in den meisten Fällen einen Abstand zwischen 0,5 und 1,5 m zum nächsten Nest. In einer Berggorillagruppe sah Hess (1989) Abstände zwischen den Nestern, die von 50 cm bis zu mehr als 30 m reichten. In der von Casimir (1979) in Kahuzi-Biega beobachteten Grauergorillagruppe waren sogar gelegentlich einzelne Nester 150–300 m von der restlichen Gruppe entfernt.

In der Zentralafrikanischen Republik bauen Flachlandgorillas nach Fay (1989) ihre Nester zu 85 % auf Lichtungen in dichtem Primärwald, und auch in Río Muni sind nach Jones u. Sabater Pí (1971) 90,5 % der Nester nicht durch ein Blätterdach geschützt. Gorillas konstruieren ebenso wie Schimpansen keinerlei Regendächer über ihren Nestern, wie es bei Orang-Utans beobachtet wurde (Kano 1982). Oft sind Gorillanester sehr grob und einfach gebaut, besonders die Bodennester; sie werden manchmal in weniger als 1 min fertiggestellt.

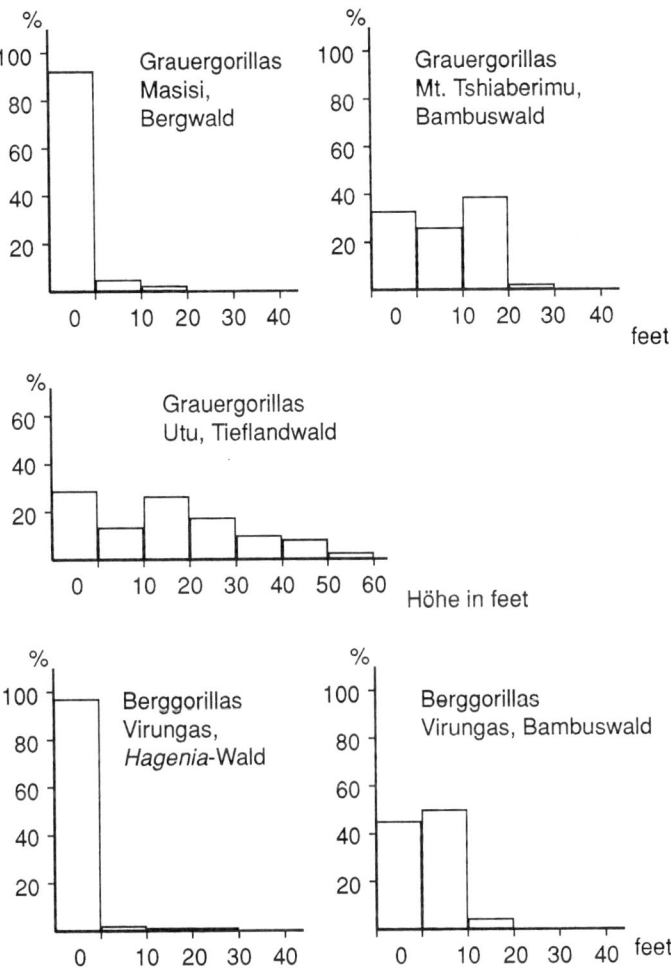

Abb. 18a. Verteilung der Nesthöhen in verschiedenen Lebensräumen.

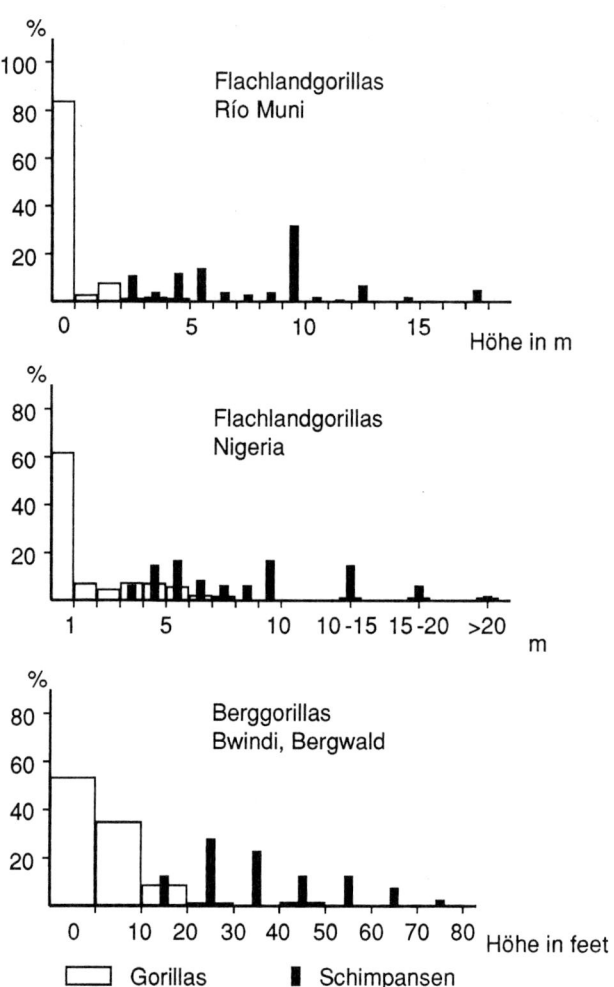

Abb. 18b. Verteilung der Nesthöhen. Vergleich mit Schimpansen.

Man findet aber auch gelegentlich sehr aufwendig gestaltete Bodennester, deren Rand 1/2 m Höhe erreicht (Schaller 1963).

Zum Nestbau ziehen die Tiere bei Bodennestern Zweige von Büschen und anderen Pflanzen ins Zentrum, legen sie übereinander und verankern sie ineinander (Abb. 17). Weitere Pflanzen werden – ohne verwebt oder verknotet zu werden – so gebogen, daß sie den Nestrand bilden. Zum Anlegen von Baumnestern werden Astgabeln oder ähnliche Strukturen bevorzugt; die Bauweise entspricht im Prinzip der der Bodennester, aber die Liegefläche muß so stabil konstruiert werden, daß sie das Gewicht des Tieres tragen kann.

Flachlandgorillas benutzen fast ausschließlich Pflanzen der im Unterwuchs besonders häufigen Familien Ingwer- und Pfeilwurzgewächse, zu denen auch ihre wichtigsten Nahrungspflanzen gehören. Berggorillas scheinen jedoch kaum Pflanzen zu verwenden, die sie fressen; nur 2 % aller Nester bestehen aus Nahrungspflanzen (Bützler 1980; Fay 1989; Fay et al. 1989; Fossey 1983; Jones u. Sabater Pí 1971).

Es hängt von der Vegetation ab, bis zu welchen Höhen Gorillanester gebaut werden und zu welchem Prozentsatz sie über dem Boden liegen. Die Unterschiede sind beträchtlich; der Grund dafür ist, daß die Position der Nester stark davon abhängt, ob für den Nestbau geeignete Bäume vorhanden sind. Ist dies der Fall, wie im Sekundärwald, legen Frauen und Jungtiere ihre Nester bevorzugt auf Bäumen an, wenn nicht, findet man sie fast ausschließlich am Boden. Besonders geeignet für Baumnester ist Bambuswald.

Nach Beobachtungen von Jill Donisthorpe (1958) bauen Gorillas in den einzelnen Vegetationszonen der Virunga-Vulkane mit ganz unterschiedlicher Häufigkeit Baumnester: In der Bergsattelregion sieht man nur 23 %

der Nester über dem Boden, da die Vegetation keine schweren Tiere tragen kann, im Bambuswald dagegen schlafen 70 % der Tiere über dem Boden. Selbst innerhalb eines Streifgebiets ist die Höhe der Nester entsprechend der Vegetation sehr variabel. Da im Verbreitungsgebiet der Gorillas in der Regel verschiedene Primär- und Sekundärwälder mosaikartig nebeneinanderliegen, ist es schwierig, die Nesthöhenverteilung auf die einzelnen Vegetationstypen festzulegen. Nur Yamagiwa et al. (1989c) unternahmen diesen Versuch, doch aufgrund der kleinen Stichproben sind ihre Daten wenig zuverlässig.

In Bäumen schlafen die Gorillas des Kahuzi-Biega-Bergwaldes nie höher als 15 m; Berggorillas gehen in manchen Gebieten jedoch bis 20 m hinauf, ebenso Grauergorillas in Utu, wo der Tieflandregenwald stark mit Sekundärvegetation durchsetzt ist. Betrachtet man dagegen den Primärwald in Utu, so ist der Prozentsatz der Nester über dem Boden wesentlich niedriger, weil in diesem Vegetationstyp weit weniger Bäume für Gorillanester geeignet sind als im Sekundärwald (Yamagiwa et al. 1989c).

Jungtiere schlafen besonders häufig in Bäumen, Silberrückenmänner jedoch kaum. Schaller sah in den Virunga-Vulkanen dennoch gelegentlich Nester erwachsener Berggorillamänner, die höher als 2 m lagen. Wahrscheinlich zwingt das Klima in diesem Gebiet die Tiere in solche ungewöhnlichen Schlafstellen: Da es in den großen Höhen ihres Lebensraums nicht selten Bodenfrost gibt, ist ein Schlafen in Bäumen wesentlich angenehmer. Im Flachland haben Männer dagegen keinen Grund, über dem Boden zu nächtigen.

Während die anderen Menschenaffenarten vorwiegend Baumnester bauen, liegen die Nester der Gorillas sehr häufig in Bodennähe. Besonders auffällig ist dies bei Flachlandgorillas. Die Schimpansen beispielsweise, die in

Río Muni im selben Gebiet wie Flachlandgorillas leben, übernachten nie auf dem Boden. Dasselbe gilt für die Tiere in Ostzaire, die im selben Gebiet wie Grauergorillas vorkommen. Bei Gorillas wurden noch nie Nester in mehr als 20 m Höhe gefunden, während Schimpansen bis in 44 m, Bonobos in über 35 m und Orang-Utans in mehr als 36 m Höhe schlafen (Jones u. Sabater Pí 1971; Tuttle 1986; Yamagiwa et al. 1989c).

Harems, Einzelgänger und Männergruppen

Die soziale Grundeinheit von Gorillas aller Unterarten ist die Harems- oder polygyne Gruppe: Ein Silberrückenmann lebt mit mehreren erwachsenen Frauen und einer wechselnden Zahl von Jungtieren zusammen. In rund 60 % dieser Verbände enthalten die Gruppen nur einen Silberrückenmann, in den übrigen 40 % 2–4 erwachsene Männer. Wenn mehrere Männer in einer Gruppe leben, handelt es sich bei ihnen in der Regel um nahe Verwandte.

Außer den Haremsgruppen gibt es bei allen Unterarten häufig einzeln umherwandernde Silberrückenmänner. Murnyak (1981) beispielsweise sah neben 14 Gruppen 5 einzelne Männer. Solche Einzelgänger machen insgesamt 5–10 % der Gorillabestände aus. Gorillamänner schließen sich gelegentlich zu Gruppen ohne weibliche Mitglieder zusammen, doch derartige Männergruppen wurden bisher nur bei Berggorillas eindeutig nachgewiesen, wo sie etwa 10 % der Population bilden; bei Grauergorillas wurde erst kürzlich eine Gruppe gefunden, bei der es sich vermutlich um eine Männergruppe handelt (Harcourt 1988; Harcourt et al. 1981a; Yamagiwa et al. im Druck).

Eine durchschnittliche Gruppe von Flachlandgorillas enthält rund 5 Mitglieder; werden einzelne Silberrückenmänner in diese Berechnung einbezogen, beträgt die mittlere Mitgliederzahl 4 Tiere. Michael Fay (1989) stellte anhand von Nestern in der Zentralafrikanischen Republik fest, daß 55 % der Gruppen aus 4 oder weniger Mitgliedern bestehen. Bei den östlichen Gorilla-Unterarten unterscheiden sich die Angaben zur mittleren Gruppengröße ganz beträchtlich (Tabelle 5). Selbst in einem recht kleinen, begrenzten Gebiet wie den Virunga-Vulkanen schwankt die Zahl der Gruppenmitglieder stark. Im Mittel scheinen östliche Gorillas jedoch größere Gruppen zu bilden als Flachlandgorillas.

Aufgrund der bisher veröffentlichten Daten läßt sich allerdings nicht eindeutig ermitteln, welche Faktoren die Gruppengröße und -zusammensetzung beeinflussen und in welcher Weise dies geschieht. Experten gehen jedoch davon aus, daß u. a. das Nahrungsangebot bestimmt, welche Größe der Verband erreichen kann, denn mit zunehmender Mitgliederzahl müssen die Gruppen immer mehr Zeit mit der Suche nach Nahrung verbringen (Watts 1988). Michael Fay beobachtete beispielsweise bei Flachlandgorillas, daß im Primärwald, wo die Tiere wenig Nahrung finden, die Gruppen kleiner sind als im nahrungspflanzenreichen Sekundärwald. Wo viel hochwertige Nahrung wächst, können die Verbände sehr groß werden.

Die größte bisher bekannt gewordene Gorillagruppe fand Richard Carroll (1988) im Dzanga-Sangha-Reservat der Zentralafrikanischen Republik anhand von Nestern: 52 Tiere. Juichi Yamagiwa (1983) beobachtete bei den Grauergorillas im Bergwald des Kahuzi-Biega-Nationalparks ebenfalls eine sehr große Gruppe, in diesem Fall mit 42 Tieren, die aus einem Silberrückenmann, 4 Schwarzrückenmännern (männlichen Tieren über 8

Jahre) und 17 Frauen mit Jungtieren bestand. Sie war innerhalb von 6 Jahren von 20 auf 42 Tiere angewachsen.

Die genaue Zusammensetzung einer Gruppe läßt sich auch bei direkter Beobachtung schwer bestimmen, vor allem da das Geschlecht junger Tiere nicht auf den ersten Blick zu erkennen ist. Sogar bei Erwachsenen kommen häufig Verwechslungen vor, da sich Männer, die noch keine sekundären Geschlechtsmerkmale entwickelt haben, und Frauen, die keine Kinder säugen, kaum voneinander unterscheiden lassen. Die meisten Autoren sehen aus diesem Grund davon ab, die Zusammensetzungen von Gorillagruppen nach Geschlechtern aufzuschlüsseln. Tabelle 6 faßt die Angaben aus verschiedenen Studien zusammen; diese Zahlen geben die Sozialstruktur der Gorillagruppen jedoch nur unvollständig wieder.

Geschichte von Gruppen und Populationen

Im Freiland wurden bisher nur wenige Gorillapopulationen so lange individuell beobachtet, daß von ihnen genaue Daten zum Verhalten und zur Lebensgeschichte einzelner Tiere vorliegen. Am besten untersucht sind die Berggorillas der Virunga-Vulkane.

Weibliche Berggorillas bringen nach Berechnungen von David Watts (1991a) im Mittel ab einem Alter von 10 Jahren alle 4 Jahre ein lebendes Kind zur Welt. Die Spanne der Geburtenabstände reicht von 3 Jahren bis zu 7 Jahren 3 Monaten. Die Zeiten zwischen aufeinanderfolgenden Geburten sind deutlich kürzer als bei den Schimpansen des Gombe-Reservats in Tansania, die im Mittel etwa alle 5 1/2 Jahre ein lebendes Junges bekommen (Goodall 1986). Für westafrikanische Schimpansen

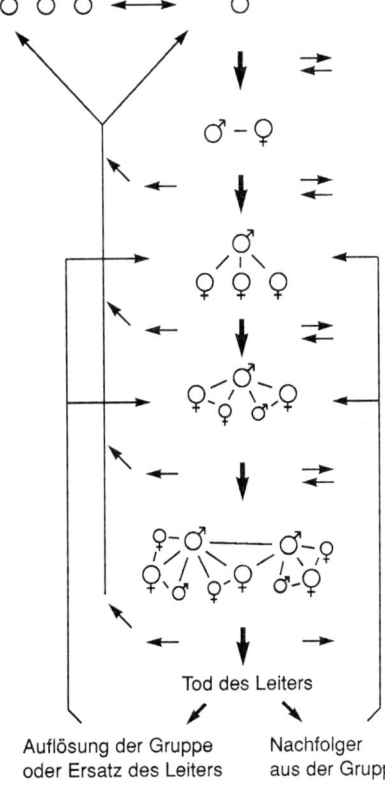

Tod des Leiters

Auflösung der Gruppe
oder Ersatz des Leiters

Nachfolger
aus der Gruppe

Abb. 19. Schema der Geschichte einer Gorillagruppe; *links* männliche, *rechts* weibliche Tiere.

fand Sugiyama (1989) allerdings wesentlich kürzere Geburtenabstände, so daß sich kein eindeutiger Vergleich zwischen den beiden Menschenaffenarten ziehen läßt (Tabelle 12).

26,2 % der jungen Berggorillas sterben im 1. Lebensjahr und 34 % in den ersten 3 Jahren. Verliert die Mutter ein Kind, wird sie meist innerhalb von 3–4 Zyklen wieder schwanger, so daß im Mittel 1 Jahr nach dem Tod des vorigen das nächste Junge zur Welt kommt. In den ersten 8 Lebensjahren, also bevor sie erwachsen werden, sterben 42 % der Tiere (Harcourt et al. 1981a; Watts 1991a).

Unter den seit mehr als 20 Jahren beobachteten Berggorillas überlebten von den Nachkommen einer Frau 6 Tiere. Dies ist die maximale bisher nachgewiesene Zahl; eine andere Frau brachte zwar 8 lebende Kinder zur Welt, doch von ihnen erreichten nur 2 die Geschlechtsreife. Ein Nachlassen der Fruchtbarkeit in hohem Alter wurde bei Berggorillafrauen im Freiland nicht beobachtet. Mindestens bis zu einem Alter von rund 35 Jahren bringen sie noch Kinder zur Welt und ziehen diese normal auf (Watts 1991a).

Gorillas sind soziale Tiere. Nur Silberrückenmänner streifen häufig allein umher, bei erwachsenen Frauen wurde dies noch nie beobachtet. Der Grund, warum weibliche Gorillas immer in Gruppen leben, ist vermutlich der bessere Schutz vor Feinden, den ihnen diese Umgebung bietet. Für Männer, die noch nicht voll erwachsen sind, aber ihre Ursprungsgruppe verlassen müssen, könnte dieser Aspekt den Ausschlag für den Eintritt in eine Männergruppe geben (Stewart u. Harcourt 1987).

Die Abb. 19 stellt schematisch die Geschichte einer Gruppe dar. Eine neue Haremsgruppe bildet sich in der Regel dadurch, daß Frauen zu einem einzelnen Mann wechseln. Zu Beginn ist dieser Verband nicht stabil; die Frauen verlassen ihn häufig wieder und andere kommen dazu. In solchen jungen Gruppen sind die Mitglieder meist nicht durch enge verwandtschaftliche Beziehungen verbunden. Etabliert sich die Gruppe aber, werden also Jungtiere geboren und wachsen heran, ändert sich dies, denn die besonderen Beziehungen zwischen den Nachkommen einer Frau prägen zunehmend die Sozialstruktur des Verbandes (s. S.152).

Heranwachsende Jungtiere beider Geschlechter verlassen nun zum Großteil die Gruppe, in der sie geboren wurden. Bei Berggorillas trifft dies auf 55 % der Männer zu und auf 80 % der Frauen. Während Männer aber fast nie in Haremsgruppen einwandern, wechseln Frauen immer in andere Gruppen bzw. zu einzelnen Männern. Eine Frau verläßt die Gruppe deshalb nur, wenn sie einem anderen Mann begegnet, während bei Männern der Zeitpunkt der Abwanderung nicht wesentlich von äußeren Ereignissen bestimmt wird – sie ziehen sich immer mehr an den Rand der Gruppe zurück (Harcourt 1978b).

Stirbt ein Gruppenleiter, löst sich die Gruppe auf oder ein untergeordneter Silberrückenmann derselben Gruppe, in der Regel der Sohn des ehemaligen Leiters, übernimmt sie. Bisher ist noch nie beobachtet worden, daß ein junger Mann versucht hätte, seinen schwachen, kranken Vater zu verdrängen, um dessen Stelle einzunehmen. Bei einer der Berggorillagruppen, die seit Jahren unter Beobachtung stehen, blieb ein alternder Silberrückenmann sogar Gruppenleiter, als sein Sohn bereits die Fortpflanzung ganz übernommen hatte. Als dieser Leiter starb, ging die Gruppe an seinen Sohn über (Hess 1989; Watts 1990b). Dian Fossey (1983) beobachtete einmal, daß eine Berggorillagruppe vorübergehend von einer ranghohen erwachsenen Frau geführt wurde, da der Sohn des verstorbenen Silberrückenmann noch jung und unerfahren war. Dies scheint jedoch eine seltene Ausnahme zu sein.

Männer ohne weibliche Begleitung

Männer verlassen häufig die Gruppen, in denen sie geboren sind, wenn es dort keine Fortpflanzungsmöglichkeiten für sie gibt. Besitzen sie schon einen voll entwickelten Silberrücken, streifen sie danach meist als Einzelgänger umher. Daß ein solcher Mann in eine gemischte Gruppe eintrat, ist noch nie beobachtet worden (Stewart u. Harcourt 1987).

Die Streifgebiete einzelner Silberrückenmänner haben weite Teile mit den Arealen gemischter Gruppen gemeinsam, und so sind Begegnungen nicht selten. Die Männer folgen den Verbänden oft einige Tage oder sogar Wochen, ohne sich bemerkbar zu machen. Sie suchen den Kontakt mit geeigneten Haremsgruppen, da dies für sie die einzige Möglichkeit ist, Frauen zu gewinnen; die Leiter stabiler Haremsgruppen meiden hingegen jeden Kontakt mit anderen erwachsenen Männern, da sie sonst Gefahr laufen, Frauen zu verlieren. Wenn sie die Nähe solcher Konkurrenten bemerken, imponieren sie heftig oder greifen diese sogar an (Hess 1989; Yamagiwa 1986, 1987b).

Reine Männerverbände, die mindestens einen Silberrückenmann und verschiedene jüngere männliche Tiere enthalten, sind bisher nur von Berggorillas bekannt. Dies mag daran liegen, daß Gruppenzusammensetzungen für die anderen Unterarten meist auf indirekten Nachweisen beruhen, durch die man halbwüchsige Männer nicht von Frauen unterscheiden kann. Juichi Yamagiwa (1987a) hält es aber auch für möglich, daß es Männerverbände nur im Virunga-Gebiet gibt, wo sie sich als Reaktion auf die extreme Zerstückelung des Lebensraums bilden. In einem solchen Gebiet ist die Möglichkeit für Einzelgänger, weit umherzuziehen und sich eine Gruppe aufzubauen, sehr eingeschränkt.

Männergruppen können bei der Auflösung gemischter Gruppen entstehen, nachdem deren Leiter gestorben sind, und sich viele Jahre lang halten. Subadulte (6–8 Jahre alte Jungtiere) und Schwarzrückenmänner treten in diese Gruppen ein, nicht aber voll ausgewachsene Männer. Wenn die Tiere zu Silberrückenmännern herangewachsen sind, wandern sie ab, um sich als Einzelgänger einen eigenen Harem zu suchen.

Die Größen der Streifgebiete von Männergruppen entsprechen etwa denen von Haremsgruppen und sind damit weitläufiger als die einzelner Männer. Auf ihren Wanderungen treffen Männerverbände oft mit anderen Gruppen zusammen und tauschen Brusttrommeln und Laute aus, gelegentlich finden auch ernste Kämpfe statt (Yamagiwa 1987a). Allerdings bemühen sich die Mitglieder der rein männlichen Gruppen im Gegensatz zu einzelnen Männern und Haremsleitern nicht um weibliche Tiere. Tritt aber dennoch eine Frau in einen Männerverband ein, müssen alle Silberrückenmänner bis auf den Ranghöchsten, der sie in heftigen Auseinandersetzungen vertreibt, abwandern (Harcourt 1988).

▨ Wechsel von Frauen in andere Gruppen

Gorillas gehören neben Roten Stummelaffen, Mantelpavianen und Schimpansen zu den wenigen Primaten, bei denen erwachsene weibliche Tiere die Gruppe, in der sie geboren wurden, verlassen, um in eine andere zu wechseln. Diese Transfers kommen dadurch zustande, daß Gorillafrauen in ihrer Gruppe keine Fortpflanzungsmöglichkeiten haben. Mit ihrem Vater, also dem Silberrückenmann, der seit ihrer Kindheit die Gruppe leitete, paaren sie sich nicht (Stewart u. Harcourt 1987). Um sich fortpflanzen zu können, müssen sie also auswandern, sofern es keinen anderen geschlechtsreifen Mann in der Gruppe gibt. Falls die abwandernden Frauen Jungtiere haben, die bereits entwöhnt sind oder kurz vor der Entwöhnung stehen, lassen sie diese meist in ihrem alten Verband zurück; so sind sie nicht der Gefahr einer Kindstötung in der neuen Gruppe ausgesetzt (s. S. 76ff.).

Je größer eine Gruppe ist, desto stärker stehen die Mitglieder im Wettbewerb um Futterplätze. Damit häufen sich aggressive Auseinandersetzungen, und die Wahrscheinlichkeit, daß Frauen auswandern, steigt. Das betrifft vor allem junge Frauen ab etwa 6 Jahren, die am unteren Ende der Frauenrangordnung stehen. Die meisten weiblichen Gorillas wechseln die Gruppe, bevor sie ihr erstes Kind zur Welt bringen (Stewart u. Harcourt 1987; Watts 1985b, 1990a).

Neu gebildete bzw. kleine Gruppen kommen als Ziel für einen solchen Wechsel eher in Frage als etablierte, denn der Rang einer Frau richtet sich vor allem nach dem Zeitpunkt, zu dem sie sich dem Verband anschließt und ist deshalb von vornherein um so höher, je weniger Frauen die Gruppe schon enthält. Außerdem ist der Fortpflanzungserfolg in überdurchschnittlich großen Gruppen geringer als in mittleren bis kleinen. Neue Frauen werden in einer Gruppe von ihren Geschlechtsgenossinen nicht sehr freundlich empfangen, denn für die bisherigen Mitglieder erhöhen sie die Konkurrenz. Auch dies spricht eher für die Wahl kleiner Gruppen bei einem Wechsel. Der Mann kann die neuen Frauen dort besser gegen Angriffe durch andere Gruppenmitglieder schützen und eine enge Bindung zu ihm läßt sich leichter aufbauen (Fossey 1982, 1983; Stewart u. Harcourt 1987; Watts 1990a, c, 1991c).

Gruppenleiter versuchen manchmal, Frauen durch Aggression und durch Wegtreiben von anderen Männern am Abwandern zu hindern, doch in der Regel bestimmen die Frauen, welcher Gruppe sie beitreten. Deshalb richten die Männer ihre Aggression stärker gegen die fremden Männer, zu denen die Frauen wechseln könnten. Indem sie diese angreifen, versuchen sie jeden Annäherungsversuch zu verhindern (Harcourt 1978b; Watts 1991a).

Bei ihren Männern sind Gorillafrauen recht wählerisch; meist wechseln sie mehrmals die Gruppe, bis sie schließlich bei einem Silberrückenmann bleiben. Bis zu 6 Wechsel derselben Frauen stellte Alexander Harcourt (1978b) bei Berggorillas fest. Im Mittel fand bei ihnen alle 3 1/2 Monate ein solcher Wechsel statt. In 15 Jahren Beobachtung der Studiengruppen in Ruanda wechselten 18 Frauen insgesamt 32mal den Verband (Fossey 1984a). Nicht selten kehrten sie nach ihrer Auswanderung noch einmal in ihre Ursprungsgruppe zurück. Dabei wurden sie manchmal von den Mitgliedern ihrer alten Gruppe sehr freundlich empfangen. Dian Fossey (1983) beschrieb, wie eine Frau bei der Rückkehr nach einer Abwesenheit von 10 Monaten überschwenglich begrüßt, umarmt und zu Spielen aufgefordert wurde. Als Gründe für das Bleiben in einem Verband gelten die Qualität des Gruppengebiets (Menge und Art der Nahrung) und der Fortpflanzungserfolg der Frauen (Harcourt 1978b).

Kindstötungen

Wenn eine Gorillafrau in eine andere Gruppe wechselt oder nach dem Tod des führenden Silberrückenmannes ein Nachfolger die Leitung der Gruppe übernimmt, wird häufig ihr Säugling durch diesen neuen Mann getötet. Eine solche Tötung von Jungtieren durch neue Gruppenleiter ist auch von anderen Primaten bekannt, beispielsweise von Hulmans, Pavianen und Schimpansen. Als Begründung dafür wird in der Regel angegeben, daß der Eisprung der Frau dadurch schneller wieder einsetzt und der Kindstöter dann mit ihr ein Kind zeugen kann, das seine Erbanlagen trägt. Ein anderer Aspekt zur Erklärung der Tötung ist, daß eine Frau mit Kleinkind einen sehr hohen Rang einnimmt; tötet der Mann ihr Kind, sinkt ihr Rang und die Dominanz des Gruppenleiters über sie ist gefestigt.

Jörg Hess (1989) sieht den Hauptvorteil einer Kindstötung beim Gruppenwechsel einer Frau darin, daß die Frau auf diese Weise wesentlich schneller integriert wird. Eine brünstige Frau sucht nämlich aktiv den Kontakt zum Gruppenleiter, der ihr Einleben in den Verband erst ermöglicht. Wenn sie noch ein Jungtier betreut und sich aus diesem Grund 1–2 Jahre nicht mit einem Mann paart, bleibt ihre Beziehung zu der neuen Gruppe sehr schwach und der Anreiz, in ihr zu verweilen, ebenso. Verbessert sie jedoch den Kontakt zum Silberrückenmann, indem sie ihn zur Paarung auffordert, und bringt sie ein Kind von ihm zur Welt, ist die Wahrscheinlichkeit sehr hoch, daß sie bleibt.

Aus Ruanda, wo Berggorillas schon sehr lange beobachtet werden, liegen die einzigen statistisch auswertbaren Daten für Kindstötungen vor (Fossey 1984a; Watts 1989b). Dort fallen meist Kinder im 1. Lebensjahr, die noch mindestens 2 Jahre lang bei der Mutter trinken und damit eine erneute Empfängnis verhindern würden, den Tötungen zum Opfer. Das älteste Kind, das auf diese Weise starb, war allerdings schon knapp 3 Jahre alt.

In der Regel töten Silberrückenmänner diese Kinder, Schwarzrückenmänner nur sehr selten; bei Frauen ist dieses Verhalten bisher nicht beobachtet worden. Die Mütter versuchen zwar meist, ihre Kinder zu verteidigen und werden häufig selbst verletzt, doch die Männer sind ihnen größen- und kräftemäßig hoffnungslos überlegen. Unterstützung von anderen Frauen erhalten sie selten. Doch auch das wurde ihnen wahrscheinlich wenig nützen, denn bei anderen Primatenarten, bei denen sich die Frauen gegenseitig helfen, sind die Männer bei den Kindstötungen ebenso erfolgreich.

In Ruanda sterben mindestens 37 % aller Jungtiere, die die ersten 3 Lebensjahre nicht überleben, durch Kindstötung. In jedem Fall führen die Tötungen dazu, daß der Zeitraum, nach dem die Frau ein neues Junges zur Welt bringt, bedeutend verkürzt wird. Er beträgt im Mittel 17 Monate nach einer Kindstötung gegenüber 4 Jahren bei erfolgreicher Aufzucht. Da junge Frauen häufiger die Gruppe wechseln, werden erstgeborene Kinder auch öfter getötet.

Auch bei Schimpansen gibt es nicht selten Kindstötungen, doch laufen sie häufig ganz anders ab und treten meist in anderem Zusammenhang auf als bei Gorillas. Während bei Gorillas nur Männer die Angreifer sind, töten bei Schimpansen Erwachsene beider Geschlechter Kinder. Häufig wird danach Kannibalismus beobachtet, was bei Gorillas bisher nicht eindeutig nachgewiesen wurde. Bei Schimpansen sind nur etwa 20 % der Todesfälle bei Jungtieren auf Kindstötung zurückzuführen. Dies läßt sich mit der unterschiedlichen Sozialstruktur der beiden Menschenaffenarten erklären. Da sich bei Schimpansen oft mehrere Männer während einer Brunst mit einer Frau paaren, bringt ihnen eine Kindstötung keinen eindeutigen Vorteil.

▨ Wanderungen und Streifgebiete

Gorillas besetzen keine festen Reviere mit klaren Grenzen, die sie gegen Artgenossen verteidigen, sondern bewegen sich in sogenannten Streifgebieten. Im Primärwald, wo die Nahrungsquellen weit verstreut liegen, umfassen die Streifgebiete der Gruppen größere Flächen als in Sekundärvegetation, wo die Tiere jederzeit Nahrung finden. Wenn Eiweißgehalt und Nährwert der Pflanzen besonders hoch liegen, nutzen die Tiere diese Pflanzen stärker und die Wege zwischen den Futterplätzen werden kürzer. Je mehr Mitglieder eine Gruppe hat, desto weiter wandert sie umher und desto größer ist ihr Streifgebiet (Watts 1990a, 1991b). Die höchsten Angaben zur Größe eines Streifgebiets veröffentlichten Hess (1989) für Berggorillas mit 35 km^2 und Casimir u. Butenandt (1973) für Grauergorillas mit 31 km^2 (Tabelle 7).

Allerdings sind die Streifgebiete, die innerhalb eines Monats genutzt werden, wesentlich kleiner und liegen zum Teil weit auseinander, da die Tiere oft zu saisonalen Futterplätzen wandern und sich dort längere Zeit aufhalten. Im Oktober und November beispielsweise verbringen Grauergorillas im Kahuzi-Biega-Gebiet die meiste Zeit im Bambuswald, den sie in anderen Monaten fast nie aufsuchen. Das Streifgebiet einer Berggorillagruppe umfaßt ebenfalls mehrere Vegetationszonen, die die Tiere je nach Jahreszeit verschieden stark nutzen. Deshalb weist ein Gorilla-Areal häufig mehrere Kerngebiete auf (Hess 1989).

Flachland- und Grauergorillagruppen bewegen sich täglich im Mittel 1 km zur Nahrungssuche fort, Berggorillas nur etwa halb so weit (Tabelle 7). Die Spanne reicht von weniger als 100 m bis über 3 km, entsprechend dem Nahrungsangebot. Flachlandgorillas in Gabun legen nach Beobachtungen von Elizabeth Williamson (1989) oft sehr große Strecken zurück, wenn gewisse Bäume Früchte tragen, die sie besonders gern fressen.

Die Streifgebiete verschiedener Gruppen überlappen sich in weiten Teilen, ja gelegentlich liegt das einer Gruppe ganz innerhalb der Grenzen des Gebiets einer anderen (Fossey 1974; Fossey u. Harcourt 1977; Tutin et al. 1992). Einzelne Silberrückenmänner wandern weniger weit und ihre Streifgebiete überlappen sich häufig mit denen mehrerer Gruppen. Caro (1976) beobachtete beispielsweise bei einem Berggorillamann eine Überlappung von 83 % mit einem Gruppenstreifgebiet, und bei einem anderen in dieser Studie untersuchten Mann eine Überlappung von 69 %.

Sozialstrukturen der Menschenaffen im Vergleich

Sowohl Bonobos als auch Schimpansen leben in offenen Sozialstrukturen. Dies bedeutet, daß sie keine festen Verbände bilden (wie z. B. Gorillas), sondern daß die Größe und Zusammensetzung ihrer Gruppen häufig wechseln. Meist sind sie in Gruppen von weniger als 10 Tieren anzutreffen. Das gilt für beide Schimpansenarten, doch während weibliche Schimpansen häufig unter sich bleiben und Schimpansenmänner oft in reinen Männergruppen wandern, fressen und schlafen, sieht man Bonobos fast immer in gemischtgeschlechtlichen Gruppen. Bei beiden Arten bilden sich diese Verbände innerhalb großer, recht stabiler »Gemeinschaften« mit manchmal mehr als 100 Mitgliedern. Jede solche Gemeinschaft ist aus mehreren erwachsenen Männern, mehreren Frauen und den Nachkommen zusammengesetzt (Furuichi 1989; Nishida u. Hiraiwa-Hasegawa 1987).

Schimpansengemeinschaften sind wesentlich stärker als Gorillagruppen territorial, auch wenn sich ihre Aufenthaltsgebiete überlappen können. Es gehört vor allem zu den Aufgaben der Männer, die Grenzen des Reviers zu kontrollieren, mit lautstarken Imponierveranstaltungen zu markieren und Fremde zu vertreiben. Doch neben diesen Einzelaktionen können die Tiere regelrechte kriegerische Auseinandersetzungen führen, bei denen eine Gemeinschaft eine andere vollständig auslöscht. Hierzu dringen sie oft gezielt in das Gebiet ihrer Gegner ein, um sie zu töten und danach die weiblichen Gemeinschaftsmitglieder zu gewinnen sowie das Revier und damit die Nahrungsquellen einzunehmen. Die Angriffe werden dabei von mehreren Tieren zusammen mit unerbittlicher Härte geführt und gehen in erster Linie von Männern gegen Männer, die häufig aufgrund der erlittenen Verletzungen sterben. Frauen beteiligen sich nur gelegentlich an Angriffen. Sogar Tiere, die jahrelang mit den Angreifern zusammengelebt haben, fallen den Auseinandersetzungen zum Opfer. Auch weibliche Mitglieder fremder Gruppen werden manchmal gemeinschaftlich getötet (Goodall 1986).

Bei Gorillas, die gewöhnlich in Ein-Mann-Gruppen leben, wurden solche »geplanten«, gemeinsamen Angriffe noch nie beobachtet; wahrscheinlich sind sie auch nur bei Schimpansen denkbar, da bei dieser Menschenaffenart die Männer enge, langfristige Verbände bilden und miteinander koalieren.

Auch Bonobos reagieren bei Begegnungen mit anderen Gemeinschaften aggressiv, doch gibt es seltener kämpferische Auseinandersetzungen, und bisher wurde keine Tötung eines Artgenossen beobachtet. Da männliche Bonobos nicht um Frauen konkurrieren, haben sie keinen Vorteil von einer Tötung der Männer anderer Gruppen. Bonobomänner dominieren die erwachsenen weiblichen Gruppenmitglieder nicht, sondern folgen ihnen auf den Wanderungen nach. Bonobofrauen beeinflussen im Gegensatz zu weiblichen Schimpansen die sozialen Beziehungen in der Gruppe deutlich und pflegen, anders als die übrigen Menschenaffenarten, intensive Beziehungen zu anderen Frauen. Diese werden unter anderem durch Aneinanderreiben der Genitalien, eine einzigartige Verhaltensweise, gefestigt. Aus diesem Grund nehmen Bonobofrauen, die in eine fremde Gemeinschaft einwandern, zunächst Kontakt mit den erwachsenen weiblichen Mitgliedern auf.

Während die Bindung zwischen erwachsenen Männern bei Schimpansen sehr stark ist, zeigen Bonobomänner schwache Bindungen untereinander; dies kommt beispielsweise darin zum Ausdruck, daß Schimpansenmänner im Gegensatz zu männlichen Bonobos ihre erwachsenen Geschlechtsgenossen besonders häufig pflegen (groomen) und Nahrung mit ihnen teilen. Bei Bonobos ist dagegen die Bindung zwischen Männern und Frauen, vor allem Müttern und Söhnen, stärker ausgeprägt als bei Schimpansen. Männer und Frauen groomen sich sehr häufig und teilen oft die Nahrung (Furuichi 1989; Nishida u. Hiraiwa-Hasegawa 1987).

In Gorillagruppen paaren sich erwachsene Frauen oft ausschließlich mit dem leitenden Mann. Völlig anders sieht es bei den Schimpansen aus: Eine brünstige Frau ist bereits von weitem an der Schwellung ihrer äußeren Geschlechtsorgane zu erkennen und zieht damit zahlreiche Männer an. Sie geht entweder auf die Aufforderungen mehrerer Männer ein oder wandert mit einem von ihnen umher und bildet mit ihm eine vorübergehende Beziehung, die sich nach der Brunst wieder auflöst (Goodall 1986). Bei Bonobos scheint es dagegen keinen deutlichen Unterschied in der Zusammensetzung von Gruppen mit brünstigen und nicht-brünstigen Frauen zu geben; bei ihnen nimmt die Schwellung und die Bereitschaft zu Paarungen allerdings den größten Teil des Zyklus ein.

Ebenso wie Gorillas gehören die beiden Schimpansenarten zu den wenigen Primaten, bei denen jung erwachsene Frauen in der Regel die Gruppe verlassen. Doch anders als die meisten Gorillamänner bleiben Schimpansen- und Bonobomänner ihr Leben lang bei der Gemeinschaft, in der sie geboren wurden. Ihre Sozialsysteme werden deshalb als patrilinear bezeichnet.

Orang-Utans pflegen wesentlich weniger Sozialkontakte als die afrikanischen Menschenaffen und leben

weder in stabilen Gruppen noch in konstanten Gemeinschaften. Erwachsene weibliche Tiere besetzen in der Regel feste, überlappende Reviere, während das nur zum
Teil für Männer gilt: Einige voll erwachsene Männer
verteidigen ebenfalls Reviere, die allerdings größer sind
als die der Frauen und mehrere Frauengebiete umfassen,
doch die meisten Männer wandern, sobald sie ausgewachsen sind, umher. Die seßhaften Männer patrouillie-
ren offenbar regelmäßig durch ihr Revier, um die Emp-
fängnisbereitschaft der Frauen zu prüfen. Dabei stoßen
sie typische Rufe aus, mit denen sie andere Männer fern-
halten und möglicherweise brünstige Frauen anziehen.
Die Fortpflanzungsaussichten der Revierbesitzer sind
größer als die der meist jüngeren nomadischen Männer
(Rodman 1988).

Orang-Utan-Frauen nehmen äußerst selten Kon-
takt mit anderen Frauen auf, und mit Männern nur in der
Brunst. Dann bilden sie mit ihnen oft eine mehrtägige
Gemeinschaft und das Paar wandert zusammen umher.
Dennoch paaren sich Orang-Utan-Frauen während einer
Brunst häufig mit mehreren Männern. Die einzigen
Gruppen, die man regelmäßig gemeinsam antrifft, sind
Frauen mit einem oder 2 Jungtieren (Galdikas 1984).

Mit Hilfe dieser soziobiologischen Daten, die in
zahlreichen, häufig mehrjährigen Freilandarbeiten gesammelt wurden, versuchte Ghiglieri (1989), Rück-
schlüsse auf die Stammesgeschichte der Menschenaffen
und des Menschen zu ziehen. Dabei kam er zu denselben
Ergebnissen wie die Molekularbiologen, die DNS-Basen-
sequenzen analysierten (s. S.13ff.). Der Orang-Utan unterscheidet sich von allen anderen Menschenaffen (inklu-
sive dem Menschen) in einigen Merkmalen so stark, daß
man eine frühe Abspaltung vom gemeinsamen Stamm-
baum annehmen kann. Es handelt sich bei diesen besonderen Merkmalen in erster Linie um seine solitäre (einzel-

83

gängerische) Lebensweise und um die Tatsache, daß bei dieser Menschenaffenart die Männer ihr Geburtsgebiet verlassen, während die Frauen in der Nähe ihrer Mütter bleiben.

Nach dem Orang-Utan-Vorfahren dürfte sich nach Ghiglieris Analyse der Gorilla von den Vorfahren der heutigen Schimpansen und des Menschen getrennt haben; dafür sprechen die festen Ein-Mann-Gruppen, die auffallenden Geschlechtsunterschiede und die fehlende Territorialität. Gemeinsame Eigenschaften der beiden Schimpansenarten und des Menschen sind beispielsweise ein recht geringer Größenunterschied zwischen Männern und Frauen sowie ein Sozialsystem, in dem sich immer wieder Mitglieder von der Gruppe entfernen und nach einiger Zeit zurückkehren. Unter Fachleuten heißt diese Sozialstruktur »fission-fusion«-System.

5 Verhalten

Die ersten detaillierten Beschreibungen des Verhaltens freilebender Gorillas lieferte George Schaller (1963) aus den Virunga-Vulkanen. Einige Jahre danach begann Dian Fossey mit ihren Beobachtungen, die sie in zahlreichen Arbeiten veröffentlichte. Zu den Studenten, die die Verhaltensbeobachtungen der Forscherin bereits zu ihren Lebzeiten um neue Aspekte erweiterten und nach ihrem Tod fortsetzten, gehören u. a. Alexander Harcourt und David Watts. Später kamen weitere Wissenschaftler aus verschiedenen Ländern dazu, z. B. Juichi Yamagiwa und Jörg Hess.

Alle diese genannten Arbeiten wurden an Berggorillas durchgeführt; zum Verhalten der anderen Gorilla-Unterarten gibt es bisher nur wenige ausführliche Studien, da die Tiere wesentlich schwieriger zu beobachten sind (z. B. Jones u. Sabater Pí 1971; Tutin u. Fernandez 1987).

In Forschungsinstituten und Zoos wird das Verhalten von Gorillas jedoch bereits wesentlich länger untersucht. Obwohl es aus den 20er und 30er Jahren, in denen die Grundsteine zur Verhaltensforschung an Gorillas gelegt wurden, auch Beobachtungen östlicher Gorillas in Gefangenschaft gibt (Yerkes 1927, 1928; Carpenter 1964), überwiegen Studien an Flachlandgorillas. Die

Zahl dieser Arbeiten aus nahezu 7 Jahrzehnten übersteigt die aus dem Freiland bei weitem.

Fortbewegung

Ebenso wie Schimpansen laufen Gorillas in der Regel vierfüßig im Knöchelgang (Abb. 20); die Berggorillas der Virunga-Vulkane bewegen sich zu 94 % auf diese Weise (Tuttle 1986; Tuttle u. Watts 1985). Gelegentlich richten sie sich aber auch zum Laufen für kurze Zeit auf 2 Beine auf, insbesondere beim Imponieren (s. S. 100). Dabei sind allerdings ihre Knie ständig angewinkelt und der Rumpf nach vorne geneigt, während bei Menschen der Oberkörper eine senkrechte Achse darstellt und die Beine in bestimmten Bewegungsphasen mit dieser Achse eine Linie bilden.

Abb. 20. Ein Jungtier läuft im Knöchelgang.

Gorillas leben in erster Linie am Boden. Hunt (1991) gibt an, daß sie sich nur während 5 % der Tagesstunden in Bäumen aufhalten, Schimpansen jedoch 47–61 % und Orang-Utans nahezu 100 % der Zeit. Dennoch klettern Gorillas auch gern, sofern die Vegetation es zuläßt, obwohl sie von allen Menschenaffen am stärksten an das Bodenleben angepaßt sind. Sie bewegen sich dabei fast ausschließlich vierfüßig; nur sehr selten gehen sie zum Hangeln über, und auch das Springen von Ast zu Ast zeigen sie kaum (Tuttle 1986).

Über dem Boden halten sich die Gorillas tagsüber vor allem zur Nahrungsaufnahme auf. Nach Jones u. Sabater Pí (1971) sieht man Flachlandgorillas in Río Muni zu 80 % am Boden und die übrige Zeit in geringer Höhe in den Bäumen. Nur Jungtiere steigen bis zu 20 m hoch hinauf, um dort zu fressen. In Gabun dagegen klettern alle Alters- und Geschlechtsklassen auf der Futtersuche in Bäume, gelegentlich sogar bis in 30 m Höhe (Tutin u. Fernandez 1987; Williamson et al. 1990). Berggorillas in den Virunga-Vulkanen dagegen verbringen weniger Zeit über dem Boden; nach Tuttle u. Watts (1985) finden gerade 2,6 % ihrer Fortbewegung über dem Boden statt.

Silberrückenmänner verlassen nur selten den Boden, was sicher an ihrem hohen Gewicht liegt. Doch weibliche Tiere zeigen, zumindest in Zoos, generell eine stärkere Tendenz zum Aufenthalt über dem Boden, die sich schon in den ersten Lebensjahren abzeichnet. Wahrscheinlich verringert dieses Verhalten auch die Gefahr, daß sie von Feinden angegriffen werden.

Beschäftigung mit der Umwelt

Gorillas können wie die anderen Menschenaffen und der Mensch nicht von Geburt an schwimmen, deshalb meiden sie große Wasserflächen und Flußläufe. Sie betrachten jedoch nach Beobachtungen von Jörg Hess (1989) gelegentlich ihr Spiegelbild intensiv in Pfützen. In Zoos und manchmal auch im Freiland spielen junge und erwachsene Gorillas gern mit Wasser (Brown 1988; Schäfer 1960).

Werden Gorillas von einem Regenschauer überrascht, bleiben sie einfach reglos sitzen und warten sein Ende ab. Wenn eine Höhle oder ein ähnlicher Unterstand in der Nähe ist, setzen sie sich darunter, doch decken sie nie große Blätter oder Zweige als Regendächer über sich, wie es Bonobos und Orang-Utans gelegentlich tun (Hess 1989; Kano 1982; Schaller 1963).

Im Gegensatz zu den anderen Menschenaffen, die häufig mit dem Mund arbeiten, benutzen Gorillas zur Bearbeitung von Gegenständen ausschließlich ihre Hände. Feinere Handgriffe führen sie entweder mit dem Zeigefinger oder mit Zeigefinger und Daumen durch; dabei stellen sie den Daumen dem Zeigefinger gegenüber und gebrauchen ihre Hände auch sonst fast genauso wie Menschen.

Schon mehrfach wurde beschrieben, daß sich Gorillas verschiedene Gegenstände oder Pflanzenteile auf den Kopf oder den Rücken legen und damit herumlaufen. Oft klemmen sie solche Objekte auch zwischen Bauch und Oberschenkel. Böer u. Janke-Grimm (1990) sahen dieses Verhalten in sozialem Kontext und bei brünstigen Frauen und folgerten daraus, daß die Tiere auf diese Weise die Aufmerksamkeit anderer Gruppenmitglieder auf sich zu lenken versuchen. Eine schlüssige Erklärung für dieses Verhalten gibt es aber bisher nicht.

Umgang mit anderen Tierarten

Das Verbreitungsgebiet des Gorillas überschneidet sich zum größten Teil mit dem des Schimpansen. Welche zwischenartlichen Beziehungen diese Menschenaffen pflegen, wurde in mehreren Studien untersucht. Nach Jones u. Sabater Pí (1971) halten sich Flachlandgorillas in Río Muni vor allem im Sekundärwald und Schimpansen im Primärwald auf, so daß sie nicht in direkter Konkurrenz stehen. Bei Grauergorillas, deren Verbreitungsgebiet in Ostzaire sich ebenfalls mit dem von Schimpansen überschneidet, beobachteten auch Yamagiwa et al. (1992a) deutliche zwischenartliche Unterschiede in der Nutzung der einzelnen Vegetationstypen: Während die Gorillas häufig Sumpfgebiete besuchen, meiden Schimpansen diese Gebiete.

Yamagiwa et al. (1992b) sahen außerdem, daß Gorilla- und Schimpansengruppen die Früchte derselben Bäumen fraßen, allerdings in der Regel nicht gleichzeitig; sie warteten ruhig, bis die andere Gruppe den Baum verlassen hatte. Kontakte zwischen den beiden Arten gab es kaum, aber auch keine Drohungen oder andere Aggressionen. Im Primärwald von Lopé in Gabun dagegen leben Flachlandgorillas und Schimpansen im selben Lebensraum und ernähren sich großenteils von den gleichen Pflanzenarten. Dort reagieren Gorillas gelegentlich mit Brusttrommeln, sobald sie Schimpansen hören. Tutin u. Fernandez (1987) wurden sogar einmal Zeugen einer aggressiven Auseinandersetzung zwischen Gorillas und Schimpansen.

Während Gorillas gelegentlich mit ihren nächsten Verwandten, den Schimpansen, in Konflikt geraten, rufen kleinere Primaten und andere Wirbeltiere bei ihnen kaum Reaktionen hervor – da Gorillas keine Wirbeltiere fressen, sind diese für sie uninteressant. Casimir (1975) beobachtete außerdem, daß Gorillas Nester mit Jungvögeln unberührt ließen, und auch Fossey (1983) berichtete, daß sie sich nicht mit Vögeln, Küken und Eiern befaßten, geschweige denn diese fraßen.

Neugierige Gorillajungtiere verfolgen oft Tiere, die sich schnell bewegen, um mit ihnen zu spielen. Sie ziehen sie an den Beinen und Haaren und beriechen sie ausgiebig. Dian Fossey beschrieb ein solches Verhalten bei einem jungen Ducker (einer kleinen Antilope). Erwachsene kümmern sich dagegen fast überhaupt nicht um andere Tierarten wie z. B. Waldantilopen, die inmitten einer Gorillagruppe grasen können (Hess 1989). Brown (1988) und Böer u. Janke-Grimm (1990) sahen, daß Gorillas in Zoos oft Vögeln nachliefen, aber nicht versuchten, sie zu ergreifen oder zu verletzen. Tiere, die sich nur langsam oder überhaupt nicht bewegen, sind für Gorillas in der Regel ganz uninteressant, abgesehen davon, daß Gorillakinder sie spielerisch schlagen oder stoßen.

Der eigene Körper

Körperpflege betreiben Gorillas wesentlich häufiger bei sich selbst als an anderen Gruppenmitgliedern. Dazu streichen sie mit einer Hand oder beiden Händen ihre Haare auseinander, betrachten die Stelle sehr genau und entfernen kleine Objekte mit Daumen und Zeigefinger oder mit dem Mund. Weibliche Gorillas zeigen das Verhalten häufiger als männliche; sie beginnen schon im 5. Lebensmonat mit Körperpflege, ihre männlichen Artgenossen erst später (Meder 1987; Schaller 1963).

Gorillas waschen sich zwar in der Regel nicht, säubern sich aber häufig sehr penibel von Schmutz. Obwohl sie in ihren Nestern meist Kot absetzen, stört es sie offenbar, wenn ihr Körper damit beschmiert ist, z. B. nachdem sie in Kot getreten sind. Dann wischen sie mit Pflanzenteilen oder anderen erreichbaren Gegenständen die Kotreste vom Fuß oder vom Fell ab. Auch anderen Schmutz oder Wasser entfernen sie von ihrem Fell häufig mit heftigen Wischbewegungen. Bei Erkältungen entfernen sie Schleimreste, die sie durch heftiges Ausatmen und eine ruckartige Kopfbewegung ausgestoßen haben, mit dem Finger aus ihren Nasenlöchern.

Unter Zoobedingungen wenden sich die sensiblen Tiere ihrem Körper oft sehr intensiv zu und verletzen sich dabei manchmal sogar. Eine dieser Formen der Beschäftigung mit sich selbst ist das Haarausreißen, das man manchmal unter Zoobedingungen sieht. Dabei rupfen sich die Tiere an bestimmten Stellen oft völlig kahl. Einzelne Gorillas beginnen in besonders belastenden Situationen, sich selbst zu verstümmeln, indem sie ihre Zehen durch übermäßige »Körperpflege« verletzen und sich so stark mit diesen Wunden befassen, daß die Zehen oder Teile des Beins amputiert werden müssen.

Verständigung mit Artgenossen

Lautäußerungen

Die Lautäußerungen freilebender Berggorillas wurden von George Schaller (1963) und Dian Fossey (1972) ausführlich beschrieben. Nach diesen Beobachtungen sowie meinen Arbeiten an Flachlandgorillas in Zoos stellte ich die Lautäußerungen von Gorillas tabellarisch (Tabelle 8 und 9) zusammen. Während Fossey nur 12 Laute unterschied, führte Schaller 22 auf; er stellte allerdings fest, daß sie sehr schwer zu klassifizieren sind. Der Grund hierfür dürfte sein, daß häufig Kombinationen zweier Laute mit – je nach Situation – unterschiedlichen Anteilen der beiden Komponenten vorkommen. Nach van Hooff (1976) trifft dies übrigens auch für Schimpansen zu. Selbst bei ein und demselben Lauttyp können außerdem die Lautstärke und die Tonhöhe beträchtlich variieren.

Häufig reagiert nicht nur das Gruppenmitglied, an das die Laute gerichtet sind, sondern die ganze Gruppe, vor allem bei Alarmlauten des Silberrückenmannes. Bei lautem Jammern oder Schreien eines Gruppenmitglieds richten ebenfalls alle anderen Tiere ihre Aufmerksamkeit auf das Tier, das diesen Laut äußert. Silberrückenmänner geben bei weitem am häufigsten Laute von sich, doch führen diese seltener als die von Frauen geäußerten Laute zu Reaktionen (Tabelle 10). Nach Marler (1976) gehen mehr als 90 % der Lautäußerungen bei Gorillas von Silberrückenmännern aus, während bei Schimpansen die Laute erwachsener Männer nur 36 % ausmachen.

Für neugeborene Gorillas sind Lautäußerungen (Wimmern, Jammern, Schreien) das wichtigste Mittel, um die Mutter auf ihre Bedürfnisse aufmerksam zu machen. Mutteraufgezogene sind allerdings äußerst selten zu hören; in den ersten Lebensmonaten, wenn sie ständig in Kontakt mit der Mutter sind, geben sie nur gelegentlich leises Wimmern oder Jammern von sich und schreien nicht. Grunzlaute entwickeln sich bei den Jungtieren im 4. Monat, also zu dem Zeitpunkt, zu dem ein Säugling sich erstmals von der Mutter entfernt.

Die Laute, die unter »Grunzen« und »Bellen« eingeordnet werden, sind nach Fossey (1983), Harcourt u. Stewart (1985) und Harcourt et al. (1986b) mit ihren vielfältigen Variationen die wichtigsten Lautäußerungen bei Gorillas. Sie vermitteln den Tieren offenbar nicht nur Hinweise auf den Aufenthaltsort der einzelnen Gruppenmitglieder, sondern können auch sehr komplexe soziale Interaktionen begleiten. Erwachsene äußern tagsüber stündlich im Mittel 8 solcher Laute, besonders häufig während der Wanderungen. Menschen können rund 10 verschiedene Formen dieser Laute unterscheiden, allerdings klingen sie sehr ähnlich und sind nicht einfach zuzuordnen; Gorillas differenzieren sicher mindestens die doppelte Zahl verschiedener Grunzlaute. Vermutlich erkennen sich die einzelnen Gruppenmitglieder an diesen Lauten.

Daß Grunzer mehr als einfache Stimmfühlungslaute sind, wird daran deutlich, daß ihre Häufigkeit zunimmt, wenn sich Artgenossen in der Nähe des lautgebenden Tieres aufhalten. Über 60 % der Grunzlaute gehen nicht nur in eine Richtung, sondern sind Teil einer »Unterhaltung«: Sie stellen eine Antwort auf einen vorhergehenden Laut dar oder werden mit einem ähnlichen Laut beantwortet. Gorillas setzen Grunzer außerdem sehr oft in Wettbewerbssituationen ein. Nicht selten beruhigen sie damit auch andere Gruppenmitglieder oder die Laute dienen einfach der Orientierung in bezug auf andere Gruppenmitglieder (Harcourt et al. 1986b).

Optische Signale

Gorillas zeigen ihre Stimmungen mit bestimmten Körperhaltungen und Gesichtsausdrücken. Die Haltungen stehen meist im Zusammenhang mit gewissen Verhaltensweisen und haben oft Aufforderungscharakter, wie das Präsentieren der Ano-Genital-Region zur Einleitung einer Paarung oder z. B. das langsame Weglaufen vor einem Partner mit gleichzeitigem Zurückblicken, das zu einem Nachlaufspiel auffordert (Meder 1987). Vor allem zur Verständigung über größere Entfernungen genügen oft schon Haltungen, die dem Partner die Stimmung oder die Absicht seines Gegenübers signalisieren; besonders deutlich wird dies beim Imponieren (s. S. 100;

Abb. 26). Nach Schaller (1963) dient der langsame Imponiergang eines Gruppenleiters als Signal zum Aufbruch für die anderen Mitglieder.

Eine besondere Rolle für die visuelle Verständigung spielt die Mimik. Die Gesichtsmuskulatur der Gorillas unterscheidet sich nicht wesentlich von der der anderen Menschenaffen und der Menschen. Sie ermöglicht den Tieren eine ähnliche mimische Ausdrucksfähigkeit und eine Fülle von Variationen (Abb. 21–26). Im Spiel fällt diese Beweglichkeit besonders deutlich auf: junge Gorillas vergnügen sich häufig mit Grimassenschneiden. Tabelle 11 beschreibt die Gesichtsausdrücke von Gorillas und stellt ihnen die entsprechenden Gesichtsausdrücke von Schimpansen gegenüber. Wie aus dieser Tabelle hervorgeht, gibt es hierbei einige Unterschiede zwischen den beiden Menschenaffenarten. Diese Unterschiede lassen sich wahrscheinlich auf die grundverschiedenen Sozialsysteme von Gorillas und Schimpansen zurückführen (s. S. 80 f.).

Wahrscheinlich sind die einzelnen Elemente, aus denen sich die Gesichtsausdrücke zusammensetzen, angeboren. Ob sie aber auch instinktiv in den passenden Situationen eingesetzt werden oder im Lauf der ersten Lebensjahre geübt werden müssen, ist schwer festzustellen. Genau so wenig ist bekannt, ob Gorillas die Ausdrucksbewegungen ihrer Artgenossen angeborenermaßen erkennen und verstehen. Verschiedene Autoren untersuchten dies bei Rhesusaffen. Sie kamen zu dem Schluß, daß die richtige Interpretation eines Gesichtsausdrucks, den ein Tier bei einem anderen Rhesusaffen sieht, zwar angeboren ist, daß die Tiere aber dennoch in der Jugend die Ausdrucksbewegungen im passenden Zusammenhang miterleben müssen, damit diese Fähigkeit nicht verlorengeht. Wenn die Affen keine Gelegenheit haben, ihre Verhaltensweisen im Kontakt mit anderen Tieren zu

Abb. 23

Abb. 22

Abb. 21. Typischer Gesichtsausdruck beim Lachen im Solitärspiel.

Abb. 22. Typischer Gesichtsausdruck beim Lachen im Sozialspiel.

Abb. 23. Angstgesicht.

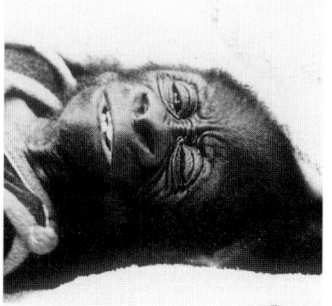

Abb. 24
Abb. 2

Abb. 24. Schmollgesicht mit Jammern.
Abb. 25. Schmerzgesicht mit Schreien.

üben, können diese sich nicht ausprägen. Vermutlich liegen die Verhältnisse bei Gorillas sehr ähnlich.

Kommunikation mit allen Sinnen

Nach bisherigen Erkenntnissen gibt es keine grundlegenden Unterschiede in den Sinnesleistungen von Menschen und Menschenaffen. Der Geruchssinn ist bei Gorillas nicht deutlich stärker ausgeprägt als bei Menschen (Dixson 1981). Dennoch setzen Gorillas bei der Konfrontation mit unbekannten Objekten oder anderen Lebewesen zuerst den Geruchssinn ein. Die Tiere beriechen auch ihre Gruppengenossen häufig, vor allem am Kopf, in der Ano-Genital-Region und in den Achselhöhlen, wo wie beim Menschen besonders viele Duftdrüsen sitzen.

Geruchssinn

Die Nase ist das ursprünglichste Sinnesorgan bei Säugetieren. Bei den höheren Primaten tritt jedoch der Geruchssinn hinter die im Großhirn angesiedelten Sinne, insbesondere Gesichts- und Gehörsinn, zurück. Innerhalb einer Gorillagruppe spielen chemische Signale für die Verbreitung von Stimmungen allerdings eine wichtige Rolle. Vor allem die Männer besitzen zweierlei Duftdrüsen, die verschiedene Arten von Schweiß absondern. Eine Konzentration solcher Duftdrüsen in den Achselhöhlen findet man auch bei den Schimpansen und beim Menschen, nur in geringem Maße aber beim Orang-Utan (Ellis u. Montagna 1962). Bei der Annäherung von Feinden verströmen Silberrückenmänner als Alarmzeichen einen intensiven, typischen Geruch, der sich über eine weite Entfernung ausbreitet.

Ein anderer Kontext, in dem Duftstoffe eine wichtige Rolle spielen, ist die Fortpflanzung; paarungsbereite weibliche Gorillas sondern einen typischen Geruch ab, auf den alle Gruppenmitglieder interessiert reagieren (Hess 1973, 1989; Watson 1984).

Tastsinn

Der Tastsinn ist vor allem bei der Mutter-Kind-Beziehung bedeutsam. Berührung des Mundbereichs eines Neugeborenen beispielsweise löst den Brustsuchreflex aus, und bei Verlust des Körperkontakts zur Mutter jammert das Jungtier. Generell suchen kleine Gorillas den Körperkontakt zur Mutter oder ersatzweise zu einem anderen Gruppenmitglied, um sich zu beruhigen.

Doch auch Erwachsene verständigen sich nicht selten mit dem Tastsinn, vor allem durch leichte Berührungen mit der Hand, (seltener mit dem Mund), um andere Gorillas zu bestimmten Handlungen aufzufordern. In diesen Fällen dient der Tastsinn nicht mehr der Befriedigung instinktiver Bedürfnisse, sondern der hochentwickelten Kommunikation von Primaten, die in Sozialverbänden leben, in denen sich die Tiere individuell kennen. Folgende Aktionen leiten Gorillas häufig durch Berührungen ein: Verlassen des Ruheplatzes, Überlassen von Nahrung oder anderen Gegenständen, Überlassen eines Kindes oder eine längere Sozialhandlung. Solche Berührungen, die der Verständigung dienen, entwickeln sich im jugendlichen Alter (Meder 1982, 1987).

Optische und akustische Signale

Diese sind bei Gorillas oft eng gekoppelt. Das Schmollgesicht beispielsweise steht meist in Verbindung mit Jammern, das Abwehrgesicht und das Schmerzgesicht mit Schreien, das Aggressionsgesicht mit Husten. Nur wenn die Gesichtsausdrücke von entsprechenden Lauten begleitet sind, reagieren andere Gruppenmitglieder auf die Signale; Gesichtsausdrücke allein genügen in der Regel nicht. Dies unterscheidet Gorillas von Schimpansen, bei denen sich Gesichtsausdrücke eindeutiger zuordnen lassen und vielfältige Reaktionen bei Artgenossen hervorrufen (Goodall 1986; van Hooff 1967; Meder 1987).

Während Schaller meinte, daß Laute für Gorillas nichts weiter seien als Ausdruck von Emotionen, wies schon Carpenter (1964) darauf hin, daß das Gehör für die Kommunikation dieser Menschenaffen eine ebenso große Rolle spielt wie der Gesichtssinn. Dian Fosseys Beobachtungen zufolge reagieren auf die Mehrzahl der Lautäußerungen freilebender Berggorillas andere Gruppenmitglieder. Silberrückenmänner haben nicht nur das größte Repertoire an Lauten, sie geben auch wesentlich mehr akustische Signale als die anderen Gruppenmitglieder. Diese Sonderrolle entspricht ihrer zentralen Stellung als Gruppenleiter. Schimpansen leben dagegen in einer lockeren Sozialstruktur, in der die Männer eine völlig andere Position einnehmen; bei ihnen scheint es keine solche auffälligen Unterschiede in den Lautäußerungen der Geschlechter zu geben (Marler u. Tenaza 1977).

Meist äußern freilebende Gorillas leise Laute, die der Koordination innerhalb der Gruppe dienen – die Grunzer, deren Gegenstück bei Schimpansen wesentlich seltener vorkommt. Marler u. Tenaza (1977) führen dies auf die unterschiedliche soziale Organisation der beiden Menschenaffenarten zurück. Für Gorillas, die in stabilen Gruppen leben, ist es wichtig, Kontakt mit den übrigen Tieren zu halten, auch wenn sie durch dichte Vegetation von diesen getrennt sind; Schimpansen dagegen müssen sich untereinander nicht über ihren Aufenthaltsort informieren. Sie pflegen jedoch zeitweise sehr enge Beziehungen mit einzelnen Mitgliedern ihrer Gemeinschaft, wobei sie sich vorwiegend mit Gesichtsausdrücken verständigen. Für die Kommunikation von Gorillas mit Artgenossen sind andere optische Signale wahrscheinlich nicht minder wichtig: Körperhaltungen, an denen sich die Stimmung des Gegenübers erkennen läßt. Solche Signale dienen ebenso wie die leisen Laute der Koordination der Gruppe, die für Gorillas außerordentlich wichtig ist.

Imponieren

Gorillas sind für ihre Imponierveranstaltungen berühmt, die im Sozialverhalten der Art eine große Rolle spielen. Die Tiere bringen damit eine innere Spannung zum Ausdruck. Besonders eindrucksvoll ist das Imponieren eines Silberrückenmannes, nicht nur weil er so groß ist, sondern auch, weil er oft Elemente verwendet, die nicht zum Repertoire von Frauen oder jüngeren Männern gehören. Schaller (1963) und Meder (1982, 1986b), die sich ausführlich mit dem Imponierverhalten beschäftigen, beschrieben folgende Elemente:

Imponierhaltung: Gespanntes, steifes vierfüßiges Stehen mit hoch erhobenem Kopf, gesträubten Haaren, gespreizten Beinen und Hohlkreuz. Gepreßtlippengesicht. Gesicht meist vom Partner abgewandt (Abb. 26).

Imponiergang: vierfüßige Vorwärts- oder Seitwärtsbewegung in Imponierhaltung (Abb. 27).

Imponierlauf: Zweifüßiger oder vierfüßiger, steifer Lauf in Imponierhaltung. Oft wird dabei ein Arm durch die Luft geschwungen (Abb. 28b).

Brusttrommeln: Rasches Trommeln (etwa 5- bis 10mal) auf die Brust mit einer Hand oder beiden Händen; im Liegen, Sitzen, zweifüßigen Stehen oder Laufen. Manchmal mehr als 1 km weit zu hören (Abb. 28c). Gelegentlich kommt auch Trommeln auf andere Körperteile (besonders im Spiel) oder auf Gegenstände (vor allem im Zoo) vor.

Hooting: Rhythmische Lautäußerung (s. Tabelle 8).

Symbolisches Fressen: Ein kleiner Gegenstand wird zwischen den Zähnen gehalten oder der Mund wird wie beim Kauen bewegt.

Werfen: In-die-Luft-Schleudern kleiner Objekte beim Erheben zum zweifüßigen Stand.

Reißen: Reißen an einem Gegenstand oder einem anderen Tier, Abreißen von Pflanzenteilen. Meist während des Imponierlaufs.

Zerbrechen oder Zerreißen von Objekten (Abb. 28a): Wird mit beiden Händen, oft unter Zuhilfenahme eines Fußes ausgeführt; anschließend werden die Teile weggeschleudert.

Schlagen: Heftiger Schlag mit einer oder beiden Händen auf den Boden, auf andere Tiere oder Gegenstände, die ein besonders lautes Geräusch erzeugen. Meist während des Imponierlaufs, oft anstelle von Brusttrommeln.

Stampfen: Stampfen auf den Boden mit einem Fuß. Meist während des Brusttrommelns.

Springen: Mit beiden Füßen gegen einen Gegenstand springen (vor allem im Zoo). Meist nach dem Imponierlauf, selten aus dem Stand.

Treten: Fußtritt in die Luft aus dem zweifüßigem Stand. Meist während des Brusttrommelns.

Mittragen eines Jungtieres: Vor allem bei erwachsenen Männern; Halten eines Jungtieres im Arm oder in der Hand während des Imponierlaufs, anschließendes Loslassen oder Wegwerfen.

Jungtiere imponieren vor allem im Rahmen von Sozialspielen (s. Abb. 33), wo die verschiedenen Elemente auch einzeln vorkommen und völlig frei kombiniert werden. Weitere Auslöser für Imponieren bei allen Altersklassen beider Geschlechter sind leichte Erregung, z. B. wenn sich ein Artgenosse nähert oder wenn sie einem ranghöheren Tier nicht ausweichen können, sowie Frustration, beispielsweise wenn sie von ihrem Platz verdrängt wurden. Nur bei älteren Tieren, vor allem bei

Abb. 26. Imponierhaltung.

Abb. 27. Imponiergang
bei einem Jungtier.

Abb. 28a–c. Imponier-
veranstaltung eines Silberrückenmannes. **a** Zerbrechen eines Astes, **b** Zweifüßiger Imponierlauf,
c Brusttrommeln.

Erwachsenen, fungiert das Imponieren als Drohung. Dann werden in der Regel 2 oder mehr Elemente miteinander verbunden. Besondere Bedeutung erhält Imponieren bei der Begegnung zweier Gorillagruppen oder einer Gruppe mit einem einzelnen Silberrückenmann; dann tauschen die Männer intensive Imponierveranstaltungen mit Brusttrommeln aus.

Im Anschluß an das Brusttrommeln, das beim aggressiven Imponieren von Männern das zentrale Element darstellt, sieht man oft einen Imponierlauf, der, wenn das Verhalten gegen ein bestimmtes Tier gerichtet war, in dessen Richtung geht. Dieses Verhalten wird auch als Scheinangriff bezeichnet.

Neben der Drohung spielt Imponieren bei erwachsenen weiblichen und männlichen Gorillas eine wichtige Rolle als Aufforderung zu Sexualhandlungen. Außerdem dienen manche Elemente, vor allem Bodenschlag und Brusttrommeln, nach Mori (1983) den Silberrückenmännern regelmäßig als Signale zum Aufbruch nach einer Ruhepause.

Im Spiel kommen die Elemente Imponiergang und -lauf sowie das symbolische Fressen kaum vor, während beim ernsthaften Imponieren weit mehr als die Hälfte der Imponierveranstaltungen einen Imponierlauf enthält. Andere wichtige Elemente des drohenden Imponierens sind Trommeln und Schlagen; im Spiel sind sie bei weitem die wichtigsten.

Auf ernsthaftes Imponieren eines Gruppenmitglieds reagieren die einzelnen Gruppenmitglieder unterschiedlich. Jungtiere flüchten in der Regel und Frauen beschwichtigen häufig den Imponierenden oder richten aggressive Verhaltensweisen gegen ihn. Imponiert eine Frau in der Brunst, zeigen Erwachsene meist Interesse und Annäherung; auf Imponieren, das zum Spiel auffordern soll oder Teil eines Spiels ist, erfolgt ebenfalls in der Regel eine positive Reaktion.

Sozialverhalten

Freundliche Kontakte

Obwohl Gorillas in sozialen Gemeinschaften leben, halten erwachsene Tiere meist verhältnismäßig große Distanzen zu benachbarten Gruppenmitgliedern ein, insbesondere wenn sie wandern und Nahrung aufnehmen. Während der Ruhephasen suchen die Tiere stärker die Nähe ihrer Gruppengenossen, indem sie sich zu ihnen legen, wobei es oft zu Körperkontakten kommt (Hess 1989). Weitere einfache Kontaktformen sind das Berühren eines vorbeigehenden Artgenossen mit der Hand bzw. das Streifen eines ruhenden Tieres im Vorbeigehen sowie das kurze Auflegen einer Hand oder das Umarmen eines Partners mit einem oder beiden Armen (Abb. 29 und 30). Solche Kontakte kommen nicht nur in der Ruhezeit vor, sondern auch bei Unruhe, aggressiver Stimmung und Alarm. Allgemein richten rangniedere Tiere häufiger freundliche Kontakte an ranghöhere als umgekehrt.

Soziale Körperpflege (Grooming)

Hierbei suchen Gorillas in derselben Art, wie sie es am eigenen Körper tun, mit den Fingern und dem Mund nach kleinen Partikeln auf der Haut eines Artgenossen und entfernen diese. Bevorzugte Körperbereiche sind dabei Rücken, Beine, Kopf und Arme. Weibliche Gorillas zeigen dieses Verhalten häufiger als männliche. Ranghöhere Tiere werden von untergeordneten Gruppenmitgliedern wesentlich öfter gepflegt als umgekehrt; in der Häufigkeit, mit der einzelne Tiere andere Gruppenmitglieder

Abb. 29. Handauflegen zwischen erwachsenen Frauen.

pflegen, gibt es jedoch beträchtliche Unterschiede. Desweiteren groomen jugendliche Gorillas oft Frauen mit kleinen Kindern, um so eine engere Beziehung zu diesen Müttern aufzubauen und gleichzeitig Gelegenheit zu erhalten, ihre Jungtiere zu berühren (Harcourt 1979c; Meder 1986b, 1987; Schaller 1963).

Ein verletztes Tier wird ebenfalls intensiv von anderen gepflegt, vor allem wenn es die verletzten Körperteile mit Hand und Mund nicht selbst erreichen kann. Dabei säubern sie die Wunden sehr sorgfältig und beschleunigen auf diese Weise die Heilung wesentlich (Fossey 1983; Hess 1989).

Insgesamt kommt Grooming bei Gorillas im Freiland und im Zoo wesentlich seltener vor als bei Schimpansen, ihren nächsten Verwandten (Goodall 1986). Daneben pflegen Schimpansen häufiger ihre Artgenossen als sich selbst, während das Verhältnis bei Gorillas umgekehrt liegt. Regelmäßig und intensiv werden bei Gorillas nur Kleinkinder gepflegt, sowohl von ihren Müttern als auch von anderen Gruppenmitgliedern. Hiervon abgesehen erfordert es bei manchen Gorillagruppen Beobachtungen von mehr als 10 Stunden, um einmal soziale Körperpflege zu sehen (Meder 1986b).

Abb. 30. Umarmung
und Kuß zwischen Jung-
tieren.

Küssen

Ebenfalls vorwiegend im Kontakt mit Kleinkindern
taucht das Küssen auf (Abb. 30). Dabei berührt oder
betastet das Tier die Lippen oder andere Teile des Kopfes
eines Partners mit Lippen oder Zunge. Meist sieht man
erwachsene Frauen Kinder küssen, doch auch Kinder
küssen ab dem 3. Lebensmonat ihre Partner gelegentlich.
Bei ihnen sind die Küsse oft sehr intensiv. Wesentlich
häufiger leiten Ranghöhere einen Kuß mit einem rangniederen Partner ein als umgekehrt.

Untersuchung der Genitalien

Eine andere Verhaltensweise, die oft im Kontakt zu
Kleinkindern vorkommt, ist die Untersuchung der Genitalien. Sie besteht aus dem Beriechen der Ano-Genital-
Region eines Artgenossen oder dem kurzen Berühren mit
dem Finger, wonach dieser berochen wird. Dieses Verhal-

ten dient den Gorillas nicht nur zur Untersuchung eines Jungtieres, sondern taucht auch im Zusammenhang mit Sexualhandlungen, bei Platzwechseln und nach dem Imponieren eines anderen Gruppenmitglieds auf. Häufig, aber nicht nur im Rahmen von Sexualhandlungen, manipulieren weibliche Gorillas außerdem intensiv mit Hand oder Mund die Genitalien eines Silberrückenmannes (Hess 1973).

In verschiedenen Situationen kann man ein eigentümliches Verhalten beobachten: Ein Gorilla stellt sich vor einem anderen auf und nähert sein Gesicht an das des Partners an, manchmal bis auf wenige Zentimeter. Dabei blickt er diesem mehrere Sekunden lang direkt ins Gesicht oder auf die Hände, sofern er damit etwas tut. Meist wird dieses Verhalten durch das Fressen des Sitzenden, seine Beschäftigung mit einem begehrten Gegenstand oder eine andere interessante Tätigkeit veranlaßt, doch der Stehende versucht nicht, dem Partner etwas wegzunehmen. Möglicherweise lernt der stehende Gorilla durch dieses Zusehen etwas über die Tätigkeit seines Partners. Häufig dient das Verhalten auch als Aufforderung, vor allem zum Weggehen, sowie als Begrüßung, als Beschwichtigung und als Aufforderung zu einer sozialen Interaktion (Meder 1982; Yamagiwa 1992).

Bei Flachlandgorillas in Zoos läßt sich, vor allem am frühen Morgen, gelegentlich ein Verhalten beobachten, das ich als »Begrüßung« bezeichnet habe. Dabei laufen die Tiere im Gehege von einem Gruppenmitglied zum anderen, riechen an den einzelnen Tieren und umarmen sie häufig, indem sie laut und langanhaltend brummen. Oft gehen sie einige Meter weit mit einem oder mehreren Partnern, indem sie die Hüften des vorderen umfassen. Der Silberrückenmann führt dabei meist Schlangen von mehreren Tieren an. Tagsüber finden sol-

che Begrüßungen beispielsweise statt, wenn ein Gruppenmitglied wieder zur Gruppe kommt, nachdem es einige
Zeit von ihr getrennt war, oder nach Aggression (Johnstone-Scott 1978; Meder 1982). Bei freilebenden Gorillas
wurde dieses Verhalten bisher nicht beschrieben.

Rangordnung

In Gorillagruppen herrscht eine klare Rangordnung. Die Rangstellung der einzelnen Tiere drückt sich
darin aus, wer bevorzugten Zugang zu Nahrung erhält
und wer wen von seinem Platz verdrängt. Nähert sich ein
Ranghöherer, wendet der Untergeordnete entweder den
Blick ab und duckt sich oder weicht freiwillig aus.
Manchmal berührt er den Dominanten, und gelegentlich
präsentiert er als Beschwichtigung. Das letztere kommt
jedoch bei Gorillas im Vergleich zu Schimpansen sehr
selten vor (Goodall 1968).

Silberrückenmänner haben den höchsten Rang in
einer Gorillagruppe inne, und erwachsene Frauen stehen
höher als Jungtiere. Unter den Jungtieren sind ältere in
der Regel dominant über jüngere.

Da im Freiland sehr selten eine Frau eine andere
von ihrem Platz verdrängt, nahmen Schaller (1963) und
Harcourt (1979b) an, daß es keine klare Hierachie zwischen den Frauen gebe. Inzwischen haben Langzeitstudi-
en erwiesen, daß zwischen allen Tieren eine Rangordnung existiert, die allerdings nicht unbedingt in jeder
Situation gleich aussieht. Tiere, die bei begehrter Nahrung dominant sind, können beispielsweise untergeordneten Tieren Ruheplätze überlassen. Im Zoo läßt sich die
Rangordnung einfacher feststellen, da der kleine Raum
die Tiere zum häufigen Ausweichen zwingt. Je größer
eine Gorillagruppe ist, desto häufiger sind sowohl im

Zoo als auch im Freiland Rangauseinandersetzungen, seien es Streitigkeiten um Nahrung oder Verdrängung eines Gruppenmitglieds von seinem Platz (Watts 1985b).

Der Rang richtet sich nach Dian Fossey bei den Frauen nach der Dauer der Zugehörigkeit zum Gruppenleiter. Diese Hierarchie stimmt üblicherweise mit dem Alter überein, so daß ältere Frauen die jüngeren meist dominieren. Bei meinen Untersuchungen in Zoos stellte ich jedoch häufig Abweichungen der Rangordnung von der Altersordnung fest, da aggressivere junge Frauen im Rang über manchen älteren standen. Die Position einer Frau äußert sich bei genauer Beobachtung in zahlreichen Kleinigkeiten; so halten sich ranghohe Frauen wesentlich häufiger in der Nähe des Gruppenleiters auf und genießen dadurch seinen besonderen Schutz (Fossey 1982, 1983; Harcourt u. Stewart 1987; Meder 1986b).

Ein weiterer Aspekt beeinflußt den Rang weiblicher Gorillas: Frauen, die ein Jungtier zur Welt gebracht haben, steigen innerhalb einiger Monate im Rang über andere erwachsene Frauen, auch wenn ihnen diese sonst eindeutig überlegen sind. Selbst die Rangniedrigste kann im 1. Lebensjahr ihres Kindes bis an die erste Stelle aufsteigen. Frauen mit Neugeborenen erhalten eine höhere Position als Frauen mit älteren Jungtieren (Holzer Blersch 1990; Meder 1987; Schaller 1963).

▨ Konflikte in der Gruppe

In stabilen Gorillagruppen sind aggressive Auseinandersetzungen sehr selten. Meist beschränken sie sich, zumindest zwischen Frauen, auf Drohungen durch Husten (Harcourt 1979b). Die übrigen Aggressionen bestehen im allgemeinen aus einzelnen aggressiven Verhaltenselementen wie Beißen, Schlagen, Stoßen, Reißen,

Drücken und Anrempeln. Daneben beobachtet man gelegentlich das Anstarren, das häufig mit Husten gekoppelt ist; meist reagiert ein Tier damit auf eine Störung durch ein anderes.

Gelegentlich kommt es jedoch auch zu schweren Aggressionen, bei denen ein mehrere Sekunden dauerndes, heftiges Beißen im Mittelpunkt steht. Das angegriffene Tier schreit dabei in der Regel laut, was alle anderen Gruppenmitglieder zum Herbeilaufen veranlaßt. Sie greifen entweder selbst in den Kampf ein, wobei sie einen der Beteiligen unterstützen, oder laufen schreiend dem Angreifer nach. Handelt es sich um eine Streiterei zwischen Frauen oder Jungtieren, schreitet der Silberrückenmann ein, indem er sich hustend nähert; wenn dies noch nicht zur Beruhigung ausreicht, hält er einen Körperteil eines der Beteiligten, meist den Nacken, mit den Zähnen fest, bis der Kampf beendet ist. In der Regel beißt er aber nicht so kräftig zu, daß das Tier verletzt wird.

Die Opfer nehmen bei schweren Angriffen oft die Körperschutzstellung ein, bei der sie sich reglos zusammengekauert auf den Bauch legen und mit den Händen ihren Kopf bedecken. Schaller (1963) und Hess (1973) bezeichnen diese Haltung als Demutsgebärde, sie dient jedoch wahrscheinlich eher dem Schutz empfindlicher Körperteile vor den Bissen des Angreifers. Ein »Grinsen« als Ausdruck der Unterwürfigkeit, wie es von Schimpansen bekannt ist (van Hooff 1967), gibt es bei Gorillas nicht.

Manchmal berühren Gruppenmitglieder das imponierende oder aggressiv gestimmte Tier beschwichtigend oder beginnen selbst zu imponieren, da sie sich gestört fühlen. Bei ernsteren Auseinandersetzungen unterstützen sie oft schwächere, vor allem junge Gruppenmitglieder, wenn diese von einem Ranghöheren angegriffen werden. Nicht nur Mütter helfen ihren Kindern, auch andere

Gruppenmitglieder stehen den Opfern von Aggression bei. Nur selten unterstützen die Helfer den Angreifer. Während erwachsene Frauen in der Regel ihren Verwandten beistehen, versuchen Männer meist nur, die Streitigkeiten zu beenden (Böer u. Janke-Grimm 1990; Harcourt u. Stewart 1987; Holzer Blersch 1990). In 10–15 % aller Auseinandersetzungen wird bei freilebenden Berggorillas der Schwächere unterstützt. Der jüngste Helfer, den Harcourt u. Stewart (1989) beobachteten, war 1 1/2 Jahre alt.

Zur Beschwichtigung des Angreifers und zur Beruhigung des Opfers setzen Gorillas nach der Auseinandersetzung oft Verhaltensweisen wie Handauflegen, Umarmen und Grooming ein. Auch der Angreifer beruhigt das Opfer danach gelegentlich durch Handauflegen, dies ist aber nicht die Regel. Zwischen Tieren, die dem gleichen Geschlecht angehören, sieht man solches Verhalten nur selten, zwischen erwachsenen Frauen und Männern häufiger.

Schimpansen dagegen zeigen regelmäßig einige Verhaltensweisen, die der Aussöhnung des Siegers mit dem Unterlegenen dienen (de Waal u. Roosmalen 1979). Bei dieser Menschenaffenart sind Versöhnungen unbedingt notwendig, da mehrere Männer, die ihre Rangordnung durch Aggression festlegen, in einer Gruppe zusammenleben und sich vertragen müssen, während bei Gorillas die Männerrangordnung festliegt und nicht in Frage gestellt wird. Schwere Aggression zwischen Männern kommt bei Gorillas dagegen vor allem zwischen Leitern verschiedener Gruppen vor.

Auch umorientierte Aggression gibt es bei Gorillas häufig. Dabei richtet ein frustriertes Tier seinen Ärger gegen ein schwächeres Gruppenmitglied, da es keine Möglichkeit sieht, sich an den Schuldigen zu wenden. Ein Beispiel dafür ist Geschwisterrivalität, ein anderes die umorientierte Aggression von Silberrückenmännern in Zoos gegen Mitglieder ihrer eigenen Gruppen, wenn sie einen Rivalen in nächster Nähe sehen, aber sich nicht mit ihm auseinandersetzen können (Meder 1992a).

Wie andere männliche Primaten zeigen auch männliche Gorillas schon sehr früh mehr Aggression als weibliche (Meder 1990b). In der Pubertät verstärkt sich dieser Geschlechtsunterschied noch, so daß von Silberrückenmännern in der Regel die meisten Aggressionen ausgehen. Dies ist jedoch sinnvoll, schon allein deshalb, weil sie gegen andere Männer und gegen Feinde kämpfen müssen.

Spiel

Der zentrale Teil im Spiel von Gorillas ist das Balgen. Dabei stehen die beiden Tiere in engem Körperkontakt und tauschen Verhaltensweisen wie Umarmen, Festhalten, Beißen, Schlagen, Stoßen, Sich-auf-den-Partner-Werfen und Zu-Boden-Ziehen aus (Abb. 31 und 32). Je heftiger diese Balgspielphasen sind, desto häufiger und lauter werden die typischen Lautäußerungen wie Lachen, Grunzen, Stöhnen und Keuchen. Zwischen den Balgphasen, die mehrere Minuten dauern können, liegen oft Nachlaufspiele, bei denen sich die Partner verfolgen; der Ranghöhere von beiden übernimmt häufiger die Verfolgerrolle. Die Spielenden können in der Pause aber auch einfach nur zusammensitzen.

Jungtiere stellen ihren Spielen meist keine spezielle Aufforderung voran, doch bei Erwachsenen gehen dem Spiel häufig bestimmte Kontaktformen voraus. Dazu gehören Imponieren, Wälzen auf dem Boden, Bewegungsspiel, Stoßen des Partners und andere einzelne Spielelemente. Frauen und Jungtiere fordern meist durch Impo-

Abb. 31

Abb. 32

Abb. 33

114

nieren zum Spiel auf (Abb. 33), Silberrückenmänner dagegen bevorzugen beispielsweise eine Annäherung an den Partner mit Spielgesicht, also ein Verhalten ohne aggressive Elemente, um die rangniederen Gruppenmitglieder nicht abzuschrecken. Jungtiere turnen oder spielen auf andere Weise vor ihrem Partner, um diesen zu einem Sozialspiel zu animieren. Ein Spiel mit Jungtieren wird von Erwachsenen häufig durch Festhalten und Heranziehen eingeleitet, Frauen wälzen sich oft vor anderen Frauen auf dem Boden, um diese zum Spiel aufzufordern. An den Mann wird als Aufforderung besonders häufig das vierfüßige Stehen mit direktem Anblicken gerichtet. Nicht selten beginnt ein Spiel mit mehreren Aufforderungen, die beide Partner austauschen. Dies trifft vor allem bei Spielen zwischen Erwachsenen zu. Nicht jede Spielaufforderung hat jedoch Erfolg; versucht der Silberrückenmann, ein Spiel einzuleiten, ist die Wahrscheinlichkeit am geringsten, das der Aufgeforderte darauf eingeht (Meder 1982).

Am häufigsten kommen Sozialspiele zwischen Jungtieren vor, am seltensten zwischen erwachsenen Frauen. Je mehr passende Partner zur Verfügung stehen, desto häufiger finden Sozialspiele statt. Selbst Erwachsene spielen mit, wenn sie von Gruppengenossen dazu animiert werden. Sehr selten spielen mehr als 2 Partner gleichzeitig miteinander; ein drittes Tier stört meist den Kontakt zwischen den beiden anderen durch Aggression oder, wenn es sich am Spiel beteiligt, durch Dazwischendrängen. Besonders häufig kommen Störungen vor, wenn der Störenfried eine enge Beziehung zu einem der Spielen-

Abb. 31. Balgspiel zwischen einem Jungtier und einem Silberrückenmann.

Abb. 32. Ein Jungtier wirft sich im Spiel auf ein anderes.

Abb. 33. Imponieren als Spielaufforderung.

den hat (Böer u. Janke-Grimm 1990; Brown 1988; Meder 1982, 1986b).

Freilebende Berggorillas spielen vorwiegend in der mittäglichen Ruhepause. Insgesamt gesehen sind Spiele bei Gorillas aber sehr selten, so daß ein Beobachter oft mehrere Tage lang überhaupt kein Spiel in einer Gruppe sieht (Schaller 1963).

Sexualverhalten

Das Geschlechtsleben der größten Menschenaffen weckte das Interesse zahlreicher Wissenschaftler und wurde bisher intensiver untersucht als jeder andere Bereich ihres Verhaltens. Die erste ausführliche Studie führte Jörg Hess (1973) im Zoo von Basel durch. Kurze Zeit danach begann Ronald Nadler am Yerkes-Primatenzentrum mit verschiedenen Laborversuchen zum Sexualverhalten der Gorillas. Im Freiland beobachtete George Schaller (1963) als erster einige Paarungen, stellte jedoch fest, daß sich die Tiere äußerst selten sexuell betätigten. Dian Fossey, Alexander Harcourt, Kelly Stewart und David Watts veröffentlichten später mehrere Arbeiten zum Sexualverhalten freilebender Berggorillas, nachdem sie die Menschenaffen jahrelang beobachtet hatten.

Sexualverhalten bedeutet bei natürlich aufwachsenden Gorillas fast immer auch Sozialverhalten; Manipulation der eigenen Genitalien auf verschiedenste Weise sieht man zwar häufig bei Tieren in Zoos, wie Hess feststellte, im Freiland kommt dieses Verhalten aber kaum vor. In Gefangenschaft stimulieren sich vor allem handaufgezogene Tiere selbst, wenn bestimmte Personen vor dem Gehege stehen. Weibliche Gorillas interessieren sich dabei für Menschenmänner und männliche für Menschenfrauen, die sie offenbar sehr gut unterscheiden können. In solchen Situationen befriedigen sich sowohl männliche als auch weibliche Tiere häufig selbst mit der Hand bis zum Orgasmus. In extremen Fällen – bei Tieren, die in ihren ersten Lebensjahren keinen Kontakt zu anderen Gorillas hatten – kann dies so weit führen, daß sie kein normales Sexualverhalten mehr zeigen. Natürlich aufgezogene Gorillas jedoch befassen sich sexuell nur mit Artgenossen und stimulieren sich nicht durch Selbstbefriedigung. Bei erwachsenen Gorillas ist Sexualverhalten fast ausschließlich auf die Brunstperioden der Frauen beschränkt (s. S. 121 ff.).

Entwicklung der Sexualität

Ab dem 2. Lebensjahr haben männliche Jungtiere bei intensivem Kontakt mit einem Partner häufig Peniserektionen, vor allem im Sozialspiel. Weibliche Tiere reiben im 2. Lebensjahr gelegentlich, aber sehr selten ihre Genitalien an einer Unterlage, wogegen gleichaltrige männliche Gorillas schon sexuell aktiv werden, indem sie sich eng an einen Partner setzen oder legen und ihren erigierten Penis gegen dieses Tier stoßen (Abb. 34). Die Jungtiere üben solche Beckenstöße frühestens im Alter von eineinhalb Jahren aus, doch zunächst nur gelegentlich; häufiger wird dieses Verhalten ab dem 3. Lebensjahr. Meist kommen solche Sexualhandlungen nach temperamentvollen Sozialspielen oder nach längerem Bauch-an-Bauch-Kontakt vor. In der Regel leitet der ältere Partner das Verhalten ein und übernimmt die aktive Rolle (Hess 1973; Harcourt et al. 1980, 1981b; Holzer Blersch 1990; Meder 1987; Nadler 1986).

Als Partner kommen jedoch nicht nur andere Jungtiere, vor allem weibliche, in Frage, sondern auch erwachsene Frauen. Besonders attraktiv sind Frauen in der Brunst. Bei sexuellen Aktivitäten in der Gruppe sind Gorillakinder sofort zur Stelle und verfolgen die Tätigkeiten

Abb. 34. Ein männliches Kind richtet Beckenstöße gegen den Rücken einer erwachsenen Frau.

der Beteiligten ganz genau. Mit brünstigen Frauen versuchen die Jungtiere allerdings nicht wie Erwachsene zu kopulieren, sondern stoßen ihren Penis in der Regel gegen deren Rücken oder Seite. Sogar subadulte Berggorillas verhalten sich oft noch so. Eine echte Paarung erfolgt häufig nur bei aktiver Beteiligung der erwachsenen Frauen. Während die jungen Männer instinktiv durch brünstige Frauen erregt werden und Kontakt zu diesen suchen, scheint die richtige Orientierung der Beckenstöße ohne Mitwirkung der Partnerinnen kaum möglich. Vermutlich erlernen männliche Gorillas auf diese Weise in Kindheit und Jugend die nicht angeborenen Teile des Sexualverhaltens. Ihr Interesse an Sexualhandlungen anderer Gruppenmitglieder und ihre eigene sexuelle Aktivität sind im Vergleich zu der anderer Alters- und Geschlechtsklassen ungewöhnlich hoch. Der Gruppenleiter läßt sie gewähren, solange die jungen Männer noch nicht geschlechtsreif sind.

Im Vergleich zur sexuellen Aktivität gleichaltriger männlicher Schimpansen jedoch nimmt sich die der Gorillas eher bescheiden aus. Auch ihre sexuelle Entwicklung verläuft wesentlich langsamer: Während sich männliche Schimpansen schon im Alter von 2 Jahren mit erwachsenen Frauen in der richtigen Weise paaren, tun Gorillas dies in der Regel erst kurz vor der Geschlechtsreife (Harcourt et al. 1980; Goodall 1975).

Bei Paarungen junger Frauen, die noch nicht geschlechtsreif sind (sie finden in der Regel mit halbwüchsigen Männern statt), geht in 80 % der Fälle die Initiative vom männlichen Partner aus. Erst wenn die jungen Frauen geschlechtsreif werden, verhindert das Familienoberhaupt, daß sie sich mit jüngeren Männern paaren (Fossey 1983; Hess 1989; Watts 1991a).

Weiblicher Zyklus

Die Fortpflanzung der Gorillas ist an keine bestimmte Jahreszeit gebunden. Paarungen und Geburten können das ganze Jahr über stattfinden. Weibliche Gorillas haben einen Hormonzyklus, dessen Länge vor der Geschlechtsreife variiert und später, wenn ein Eisprung erfolgt, meist 26–32 Tage dauert. Bei Flachlandgorillas in Zoos wurden Mittelwerte von 30–32 Tagen gemessen, bei freilebenden Berggorillas 28 Tage (Tabelle 12). Damit ist der Zyklus von Gorillafrauen kürzer als der von Schimpansenfrauen, für den etwa Jane Goodall (1986) eine Durchschnittslänge von 36 Tagen angibt.

Die Östrogenkonzentration im Urin nimmt in der ersten Zyklushälfte durch den sich entwickelnden Follikel ständig zu. Der Eisprung findet nach einer plötzlichen, 1–2 Tage dauernden starken Sekretion von luteinisierendem Hormon und follikelstimulierendem Hormon statt, die einem Abfall der Konzentration an Östrogenen folgt. Die Testosteronkonzentration steigt zum Zeitpunkt des Eisprungs ebenfalls steil an und erreicht einen Tag danach ihren Höhepunkt. Auch die stärkste Schwellung der Schamlippen geht mit dem Eisprung einher (Czekala et al. 1987; Lasley et al. 1982; Nadler 1980; Nadler et al. 1979).

Nach einer Befruchtung und Einnistung des Eies erhöhen sich die Konzentrationen von Progesteron und Östrogen stark, und in der 2. Schwangerschaftshälfte, der Lutealphase, bleibt die Östrogenkonzentration recht konstant (Czekala et al. 1988). Erfolgt keine Einnistung, sinkt die Konzentration von Progesteron 5 Tage nach dem Eisprung innerhalb von etwa 2 Tagen fast auf den Nullpunkt. Die äußere Schicht der Gebärmutterschleimhaut, die während der Lutealphase gewachsen ist, wird bei der Menstruation abgestoßen. Die Menstrualblutung dauert meist 2–3 Tage und fällt wesentlich schwächer aus als beim Menschen.

In der Zyklusmitte liegt die Brunst, die 1–4 Tage, meist aber nur 1 Tag anhält. Bei Schimpansen, den nächsten Verwandten der Gorillas, dauert sie dagegen 10–16 Tage lang (Tabelle 12). Als Brunst, wissenschaftlich als Östrus, wird eine Phase um die Zeit des Eisprungs bezeichnet, in der sich das Verhalten der Frau und die Beziehung zu ihren Artgenossen ändert. Einerseits nähert sie sich erwachsenen Männern (gelegentlich auch Frauen), um diese zu sexuellen Handlungen aufzufordern, andererseits steigt ihre Attraktivität für andere Tiere, die nun verstärkt Kontakt zu ihr suchen.

Fast ausschließlich während dieser Brunst fordern Gorillafrauen Silberrückenmänner zur Kopulation auf. Auch wenn Ronald Nadler (1976) in einer Laborstudie zahlreiche Kopulationen in jeder Zyklusphase beobachtete, stellte er bei einer späteren Untersuchung fest, daß dies vor allem auf die künstlichen Bedingungen zurückzuführen war. Nur wenn die Frauen ihren Partnern nicht ausweichen konnten, hatten die Männer jederzeit Erfolg mit ihren Initiativen; sobald die weiblichen Tiere die Möglichkeit erhielten, sich zurückzuziehen, gab es Paarungen nur nach Einleitung der Frauen in der Zyklusmitte (Nadler u. Collins 1984).

Brunst

Während der kurzen Hitzephase schwellen die Schamlippen weiblicher Gorillas an, so daß der Zustand der Frau auch äußerlich sichtbar wird. Allerdings läßt sich diese Schwellung oft nur bei jungen Frauen ohne nähere Untersuchung wahrnehmen, da die Schamlippen der Gorillas – anders als die der Schimpansen – schwarz gefärbt sind und sich vergleichsweise wenig vergrößern (Nadler 1975; Noback 1939).

Wesentlich auffälliger als die Schwellung sind während der Brunst die Änderungen im Verhalten. Die Gorillafrau imponiert sehr häufig in der Nähe ihres Sexualpartners und stellt sich in Imponierstellung bei ihm auf, indem sie ihn lange und intensiv anblickt. Sieht er sie an, schaut sie zur Seite. Wenn der so aufmerksam gemachte Partner herankommt, weicht sie zunächst noch häufig aus. Er fordert sie dann auf dieselbe Weise, durch Imponieren und Stehen in Imponierstellung, zur Paarung auf. Manchmal berührt einer der Partner auch den anderen, um seine Absichten zu verdeutlichen. Bei Berggorillas geht in 63 % der Fälle die Initiative von der Frau aus.

Gorilla-Kopulationen wurden von zahlreichen Autoren sowohl im Freiland als auch im Zoo genau beobachtet und beschrieben (Harcourt et al. 1980, 1981b; Hess 1973; Keiter u. Pichette 1979; Nadler 1976; Schaller 1963; Watts 1990b, 1991a). Als Einleitung der eigentlichen Paarung präsentiert die Frau dem Mann ihre Ano-Genital-Region, wobei sie sich meist auf den Bauch legt. Bei der typischen Rücken-zu-Bauch-Paarungsstellung

Abb. 35. Paarung in der üblichen Rücken-zu-Bauch-Stellung.

zwischen erwachsenen Frauen und Silberrückenmännern liegt die Frau auf dem Bauch und der Mann hockt hinter ihr (Abb. 35). Nicht selten kopulieren Gorillas aber auch in verschiedensten anderen Stellungen und Variationen, insbesondere wenn einer der Partner noch jung ist: Die Frau kann beispielsweise vierfüßig und der Mann zweifüßig hinter ihr stehen, während er ihre Hüften festhält; die Frau kann jedoch auch auf dem Rücken liegen und der Mann in Bauch-zu-Bauch-Stellung hocken. Barbara Holzer Blersch (1990) beobachtete in 93,3 % der Kopulationen von Flachlandgorillas in Zoos Rücken-zu-Bauch- und in 6,6 % Bauch-zu-Bauch-Stellungen.

Die Dauer der Paarungen kann stark variieren. Holzer Blersch ermittelte bei Flachlandgorillas in Zoos, daß sie zwischen 28 und 116 s liegt und der Mittelwert

Abb. 36. Homosexuelle Handlung einer brünstigen Frau (rechts) mit einer anderen.

54 s beträgt; Hess beobachtete eine mittlere Dauer von 52,5 s (Spanne: 20–220 s). Bei freilebenden Berggorillas paaren sich nach Watts brünstige Frauen durchschnittlich alle 2 Stunden mit ihrem Silberrückenmann. Die Kopulationen dauern 1/2 min bis 5 min, im Mittel 80 s. Berggorillas werden im Mittel nach 4–5 Zyklen schwanger, spätestens jedoch nach 10 Zyklen. An 23 % aller Tage, in denen eine Frau brünstig ist, werden noch 1 oder 2 weitere Frauen zugleich paarungsbereit; an solchen Tagen haben die Frauen mit ihren Aufforderungen an den Silberrückenmann weniger Erfolg, als wenn sie einzeln um seine Gunst werben.

Neben Paarungen zwischen Frauen und Silberrückenmännern kommen in der Brunst auch häufig homosexuelle Handlungen zwischen Frauen vor. Offenbar hat diese Phase sexueller Bereitschaft nicht nur auf männliche Gruppenmitglieder jeden Alters, sondern auch auf erwachsene Frauen stimulierende Wirkung. Die Initiative zu einer solchen homosexuellen Interaktion geht meist von der brünstigen Frau aus, die ihre Partnerin ebenso wie den Mann durch Imponieren zum Sexualkontakt auffordert. Die beiden Partnerinnen setzen sich mehrere Minuten lang eng zusammen, meist Bauch an Bauch, während sie sich umarmen (Abb. 36). Häufig reiben beide oder eine der Frauen ihre Genitalien am Boden oder am Körper der Partnerin. Daneben tauschen sie noch verschiedene weitere Kontakte aus und nehmen oft eine der heterosexuellen Paarungsstellungen ein. Auch andere Gruppenmitglieder fühlen sich offenbar zu sexuellen Handlungen untereinander angeregt, wenn eine Frau brünstig ist (Fischer u. Nadler 1978; Fossey 1983; Harcourt et al. 1981b; Meder 1986b).

Sexuelles Verhalten außerhalb der Brunst

Kopulationen zwischen brünstigen Frauen und Silberrückenmännern dienen ebenso wie homosexuelles Verhalten zwischen Frauen nicht nur der Befriedigung sexueller Bedürfnisse, sondern festigen auch die sozialen Bindungen zwischen den beiden Partnern. Dies ist wahrscheinlich der Grund dafür, daß manche Gorillafrauen auch während der Schwangerschaft noch zu Paarungen auffordern, allerdings in unregelmäßigen Abständen (Harcourt et al. 1980; Nadler 1989; Stewart 1977; Watts 1991a).

In Zoos beobachtet man sogar bei 2–5 Jahre alten weiblichen Jungtieren, die in eine Gruppe eingewöhnt werden, häufig Aufforderungen zu Sexualhandlungen an den Silberrückenmann. Sie präsentieren dabei ihr Hinterteil, wie es erwachsene Frauen in der Brunst tun. Die Silberrückenmänner reagieren unterschiedlich: manche ignorieren die Jungtiere, andere »kopulieren« mit ihnen in der gleichen Weise wie mit erwachsenen Frauen (Meder 1986b, 1987). In der Regel fordern die weiblichen

Jungtiere die erwachsenen Männer nur während einer bestimmten Phase ihrer Eingewöhnung so zu Paarungen auf, in dieser Zeit aber sehr häufig; nach einigen Monaten nimmt dann das Verhalten meist wieder ab. Wahrscheinlich versuchen die Tiere auf diese Weise, ein freundliches Verhältnis zum Gruppenleiter aufzubauen, ähnlich wie erwachsene Frauen es in solchen Situationen tun. Da bei Jungtieren, die in einer Gruppe bei ihrer Mutter aufwachsen, eine solche Kontaktaufnahme nicht notwendig ist, kommt das Verhalten in diesen Fällen nicht vor.

Erwachsene und jugendliche Gorillafrauen, gelegentlich auch junge Männer, legen oft Kleinkinder auf den Boden, hocken sich über sie und reiben ihre Genitalien an deren Körper. Hierbei handelt es sich offenbar um eine angeborene Verhaltensweise, deren Funktion aber noch nicht geklärt ist (Hess 1973; Holzer Blersch 1990; Meder 1986b; Schaller 1963).

Während in Haremsgruppen homosexuelle Interaktionen zwischen Männern selten sind, bilden sie in Männergruppen mit subadulten Tieren einen festen Bestandteil des Sozialverhaltens. Vor allem Silberrückenmänner nähern sich den jüngeren Tieren mit sexuellen Absichten. Die Aufforderung zu einer solchen Sexualhandlung kann vom älteren Tier ausgehen, wobei es mit Kopulationslauten auf den Partner zuläuft, oder vom jüngeren Tier, indem es eine auffordernde Haltung einnimmt. Der ältere Mann führt immer die Beckenstöße aus und der jüngere verhält sich wie ein weibliches Tier. Homosexuelle Interaktionen ähneln also sehr stark den heterosexuellen; ebenso wie bei letzteren paaren sich die Gorillas auch in diesem Fall Rücken-zu-Bauch oder Bauch-zu-Bauch. Solche homosexuellen Kontakte in Gorilla-Männergruppen dienen nicht der Lösung von Spannungen, wie es schon von anderen Primaten beschrieben wurde (z. B. de Waal 1990), sondern können Spannungen noch erhöhen, wenn sie zu Auseinandersetzungen um Sexualpartner führen. Dennoch wirken sie sich überwiegend positiv auf den Gruppenzusammenhalt aus, da sie die Beziehungen zwischen den einzelnen Tieren stärken (Yamagiwa 1987a).

Entwicklung und Jungenaufzucht

Die Entwicklung von Primaten wird meist in bestimmte Stufen unterteilt. Bei Gorillas unterscheidet man üblicherweise Kinder (bis 3 Jahre), Juvenile (3–6 Jahre), Subadulte (6–8 Jahre) und Erwachsene (über 8 Jahre). Männliche Tiere sind mit dem Eintritt in die Erwachsenenstufe allerdings noch nicht ausgewachsen; sie werden zunächst als »Schwarzrücken« bezeichnet, bis sie, in der Regel mit 11–13 Jahren, ihren Silberrücken entwickeln.

Schwangerschaft und Geburt

Schwangerschaftstests, die für Menschen entwickelt wurden, funktionieren auch bei Gorillafrauen. Dabei wird geprüft, ob das Hormon HCG (deutsch auch MCG = Menschliches Choriongonadotropin), das Gorillas ebenso wie Menschen ab dem Ende des 1. Schwangerschaftsmonats ausscheiden, eine bestimmte Konzentration übersteigt (Hobson 1975).

In den ersten 3 Monaten nach der Konzeption ändern die Frauen meist ihr Verhalten. Sie beteiligen sich nicht mehr an Sozialspielen, werden weniger aggressiv und reduzieren ihre Fortbewegungsaktivität beträchtlich. Manche Tiere hören schon wenige Tage nach ihrer Brunst, vermutlich wenn sich das Ei in die Gebärmutter eingenistet hat, mit dem Sozialspiel auf. Während der Schwangerschaft ziehen Gorillafrauen sich also zurück und halten sich von anstrengenden Aktivitäten fern. Dadurch sparen sie einerseits Energie und senken andererseits das Risiko einer Frühgeburt (Watts 1991c).

Diese Verhaltensänderungen im Verlauf der Schwangerschaft nehmen Personen, die die Tiere gut kennen, schon lange vor den äußerlich sichtbaren körperlichen Veränderungen deutlich wahr. Häufig bietet das geänderte Verhalten sogar den besten Hinweis auf eine Schwangerschaft. Dies gilt sowohl für Gorillas in Zoos als auch für freilebende Berggorillas, deren beachtliche Körperfülle sich durch das heranwachsende Kind im Mutterleib oft nur wenig ändert (Fossey 1979, 1983, 1984b, c; Hess 1989; Meder 1986a; Stewart 1977).

Bei vielen Frauen beginnen die Brüste schon vor der Geburt deutlich anzuschwellen, allerdings gibt es dabei beträchtliche individuelle Unterschiede. Manche Tiere zeigen schon 5–3 Monate vor der Geburt eine Vergrößerung der Brüste, andere erst in den letzten Schwangerschaftswochen. Häufig ziehen sich die Frauen selbst Milch aus der Brust, um sie aufzulecken. Gewöhnlich wird frühestens 2–3 Wochen vor der Geburt Milch gebildet, doch in einem von mir beobachteten Fall geschah dies bereits im 3. Schwangerschaftsmonat; die Milchproduktion hörte bei dieser Gorillafrau aber einige Wochen später auf und setzte erst 2 Wochen vor der Geburt wieder ein. Gelegentlich beginnt die Milchbildung auch erst nach der Geburt (Fossey 1984b; Mallinson et al. 1973; Meder 1986a; Stewart 1977).

Bei Flachlandgorillas in Zoos kommt nach einer durchschnittlichen Schwangerschaftsdauer von 257 Tagen ein Jungtier zur Welt (Mittelwert aus 85 Angaben). Damit haben Gorillas eine höhere Schwangerschaftsdauer als alle anderen Menschenaffen (Tabelle 12).

Die Geburt findet häufiger nachts als am Tag statt. Kelly Stewart (1977, 1984) beschrieb den Ablauf von 3 Geburten bei freilebenden Berggorillas und die damit verbundenen Verhaltensweisen der Mütter sowie der anderen Gruppenmitglieder. Meist dauert die Geburt weniger als 1/2 Stunde und die Mutter scheint dabei in der Regel keine starken Schmerzen zu empfinden, denn anders als beim Menschen ist die Beckenöffnung des Gorillas und der anderen Menschenaffen größer als der Kopf des Kindes (Leutenegger 1973). Es gibt allerdings auch bei Gorillas schwere Geburten, die bis zu 3 Tagen dauern können. Wurde das Junge lebend geboren, frißt die Mutter die Nachgeburt meist vollständig auf, zumindest bei freilebenden Berggorillas, doch bei einer Totgeburt läßt sie sie liegen (Fossey 1983).

Zwillinge werden bei Gorillas etwa mit derselben Häufigkeit wie bei Menschen geboren. In der Berggorillapopulation der Virunga-Vulkane sind seit dem Beginn der regelmäßigen Beobachtungen 2mal Zwillinge zur Welt gekommen; in beiden Fällen bemühten sich die Mütter, beide Jungtiere aufzuziehen, doch in einem Fall starben beide Kinder, im anderen eines davon schon nach wenigen Tagen (Hess 1989). Unter den 541 voll ausgetragenen Gorillas, die bis Ende 1991 in Zoos geboren wurden, gab es 3 Zwillingspaare – 2 zweieiige und 1 eineiiges (Kirchshofer 1992).

Neugeborene Gorillas sind recht hilflos; sie können ihre Bewegungen noch nicht koordinieren und ihr Gesichtssinn ist wenig entwickelt. Die Haut des Kopfes und des Körpers ist in der Regel hell gefärbt, während die Hand- und Fußflächen meist dunkel und mit unregelmäßigen, unpigmentierten Mustern gezeichnet sind. An vielen Körperstellen ist die Behaarung sehr dünn und spärlich, so daß die Jungtiere oft ziemlich nackt wirken.

Die längsten und dichtesten Haare finden sich am Kopf (Hess 1989; Stewart 1977).

Nach Carter (1973) zeigen die jungen Gorillas die gleichen Reflexe wie menschliche Neugeborene. Dazu gehört das automatische Brustsuchen und der Klammerreflex, der allerdings bei Menschenaffen weit stärker ausgeprägt ist als bei Menschen. Dies stellte auch Redshaw (1989) fest, die allerdings nur je ein Tier für jede Menschenaffengattung untersuchte. Während nach ihren Beobachtungen alle neugeborenen Menschenaffen wesentlich stärkere Arm- und Beinbewegungen und ein kräftigeres Klammern zeigen als Menschen, ist bei ihnen das automatische Stehen und Gehen, das bei neugeborenen Menschen ausgelöst werden kann, sehr schwach ausgeprägt. Diese Unterschiede entwickelten sich im Lauf der Stammesgeschichte wahrscheinlich vor allem aufgrund der Trageweisen: Menschenaffen müssen sich am Körper der Mutter selbst festhalten können, während Menschenkinder immer von der Mutter unterstützt werden. Da sich neugeborene Menschenaffen ständig festklammern, kommen sie motorisch viel weiter entwickelt zur Welt als Menschen. Dies trifft besonders auf Gorillas zu.

Geburtsgewichte sind nur von Flachlandgorillas in Gefangenschaft bekannt. Voll ausgetragene Neugeborene wiegen zwischen 1396 und 3058 g. Für weibliche Tiere liegt der Mittelwert bei 1970 g (33 Fälle), für männliche bei 2285 g (37 Fälle). Damit sind Gorillas nicht nur als Erwachsene, sondern auch bei der Geburt die schwersten Menschenaffen: Neugeborene Orang-Utans und Schimpansen wiegen im Mittel zwischen 1700 und 1800 g und Bonobos nur 1330 g (Tabelle 12). Menschen sind bei der Geburt allerdings wesentlich schwerer als alle Menschenaffenarten. Leutenegger (1973) ermittelte als durchschnittliches Geburtsgewicht 3300 g. Neugeborene Gorillas bringen folglich nur etwa 2/3 des Ge-

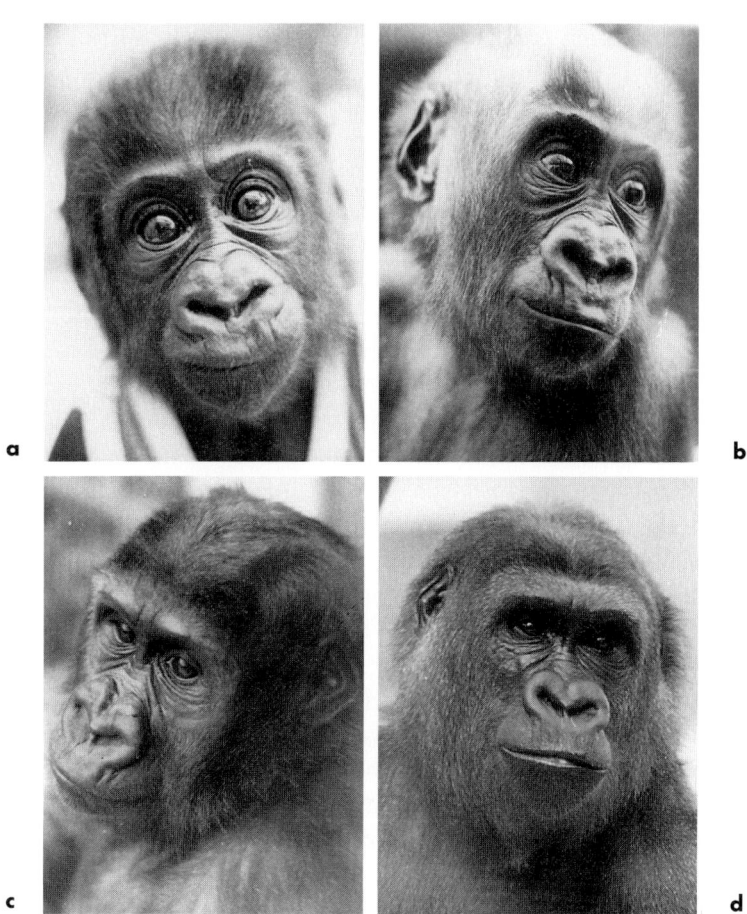

Abb. 37a–d. Porträts des weiblichen Jungtieres Ukiwa in verschiedenen Altersstufen: **a** 3 Monate, **b** 1 Jahr, **c** 3 Jahre, **d** 9 Jahre.

wichts neugeborener Menschen auf die Waage, während erwachsene weibliche und männliche Gorillas etwa doppelt bzw. 3mal so schwer sind wie durchschnittliche Menschen. Während der ersten Lebensjahre übersteigt das mittlere Gewicht männlicher Gorillas das der weiblichen um rund 10 %. Männliche Flachlandgorillas, die im Zoo von ihrer eigenen Mutter aufgezogen werden, wiegen mit 1 Jahr 7–9 kg, mit 2 Jahren 12–16 kg (Meder 1987). Die Entwicklung der Gesichtszüge eines weiblichen Tieres ist in Abb. 37 zu sehen.

Die Beziehung zwischen Mutter und Kind

Die Entwicklung kleiner Gorillas beobachteten bereits verschiedene Personen intensiv – im Freiland bei Berggorillas (v. a. Fossey 1979, 1983; Hess 1989) und im Zoo bei Flachlandgorillas (v. a. Hoff et al. 1981a, b; Meder 1987). Gorillamütter behandeln ihre Kinder sehr unterschiedlich, wobei sowohl die Persönlichkeit der Frauen und ihre Position in der Gruppe als auch ihre Erfahrung wichtige Rollen spielen. Junge Mütter, vor allem erstgebärende, sind oft übervorsichtig und verzögern dadurch die Entwicklung der Kinder. Sie wissen nicht genau, wie sie sie richtig halten und wie sie auf ihr Wimmern reagieren sollen. Innerhalb weniger Monate bekommen sie aber Routine, und beim 2. Kind verhalten sie sich völlig normal.

Erfahrene Mütter dagegen lassen den Kindern viel Freiheit und beschleunigen dadurch ihre Entwicklung. In der Regel »bemuttern« Gorillas ihre Kinder sehr wenig. Vor allem erfahrene Frauen kümmern sich häufig kaum um ihre Jungtiere – abgesehen von Kontakten, die die Verhaltensweisen Festhalten, Tragen, Stillen und Körperpflege umfassen, die den Müttern obliegen; Sozialspiel

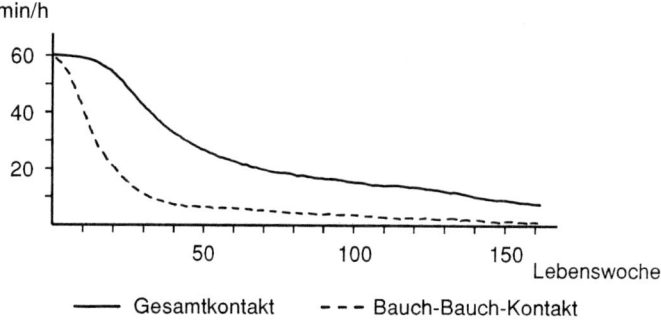

Abb. 38. Zeit, die natürlich aufgezogene Jungtiere in Zoos im Kontakt mit erwachsenen Frauen verbringen.

beispielsweise kommt zwischen Mutter und Kind nur selten vor.

In den ersten Wochen bzw. Monaten befindet sich ein junger Gorilla ständig in Körperkontakt mit der Mutter, meist in Bauch-an-Bauch-Haltung (Abb. 38). Redshaw (1989) stellte fest, daß sich ein neugeborener Gorilla ebenso wie andere junge Menschenaffen nur beruhigen läßt, wenn er sich in Bauch-Bauch-Kontakt zu einer Pflegeperson befindet, während ein Menschenkind häufig schon auf das Gesicht und die Stimme entsprechend reagiert.

Zunächst unterstützt die Gorillamutter das Jungtier mit einer Hand, doch schon am 1. Tag kann es sich eine gewisse Zeit mit Händen und Füßen selbst an ihrem Fell festhalten. Der Kontakt mit der Mutter nimmt spätestens im 4.–5. Monat deutlich ab, wenn das Kind zu laufen beginnt. Mit 1 Jahr verbringt ein junger Gorilla tagsüber aber immerhin noch durchschnittlich 30 % der Zeit in Kontakt mit der Mutter oder anderen erwachsenen Frauen (Meder 1987).

Wenn die Mutter einen Ortswechsel vornimmt, trägt sie das Jungtier mit sich. Dieses reagiert mit Festklammern und Bewegungslosigkeit, sobald sie sich zu bewegen beginnt. In den ersten Lebensmonaten wird das Kleine meist am Bauch getragen, später mehr und mehr auf dem Rücken. Aber auch am Arm transportieren viele Mütter ihre Jungen häufig, wobei diese in ihrer Hand sitzen und sich am Unterarm festhalten. Überhaupt hat jede Mutter ihre bevorzugten Trageweisen; manche Frauen in Zoos legen ihre Kinder sogar in Rückenlage auf ihren Rücken. Sobald die kleinen Gorillas gut laufen können, folgen sie den Müttern oft selbst, indem sie ihr Fell mit einer Hand oder beiden Händen festhalten. Das Rückentragen sieht man auch gelegentlich noch bei Erwachsenen, vor allem zwischen Frauen, die eine enge Beziehung zueinander pflegen. Es kommt insbesondere bei Unruhe vor und drückt wohl die Zusammengehörigkeit der Gruppenmitglieder aus.

Im Freiland trinken Berggorillakinder mindestens 2 Jahre lang Muttermilch, im allgemeinen sogar noch länger (Fossey 1983; Hess 1989). Durch Suchbewegungen oder Unruhe veranlassen die Kinder ihre Mütter dazu, sie anzulegen. Dazu rücken die Frauen die Kleinen zurecht und heben sie hoch, so daß sie die Brust erreichen können; bei kleinen Kindern umfassen sie sogar oft mit einer Hand den Kopf und bringen den Mund der Jungtiere an ihre Brustwarze. Blickkontakt zwischen Mutter und Kind während des Stillens, wie er bei Menschen üblich ist, gibt es bei Gorillas äußerst selten.

In der 1. Lebenswoche saugen Flachlandgorillas im Zoo im Mittel 2,7mal/h für jeweils 3,7 min an der Mutterbrust, doch die Häufigkeit und die Länge des Saugens sowie die Abstände dazwischen nehmen bald ab. Wenn Gorillas 1/2 Jahr alt sind, trinken sie nur noch durchschnittlich 1 min/h an der mütterlichen Brust (Meder 1987). Hess (1989) beobachtete dagegen bei freilebenden Berggorillas im Verlauf des 1. Lebensjahres einen Anstieg der Trinkdauer während eines Stillvorgangs von 1 min auf 3–5 min.

Das Trinken dient vor allem bei älteren Kindern auch sehr stark der Beruhigung. Nach einem sehr rauhen Spiel mit älteren Jungtieren oder einer schmerzhaften Begegnung mit stechenden Pflanzen oder Insekten laufen Gorillakinder häufig zur Mutter und saugen kurz an ihrer Brust, um danach unverdrossen mit ihrer vorherigen Tätigkeit fortzufahren (Hess 1989).

Mit 4–6 Monaten beginnen Berggorillakinder, Pflanzenteile in den Mund zu stecken und darauf herumzubeißen, und mit 8 Monaten nehmen sie regelmäßig feste Nahrung zu sich. Bei diesen Futterpflanzen handelt es sich um die gleichen, die die Mutter gerade frißt; die Säuglinge imitieren ihr Verhalten und lernen so, was als Nahrung geeignet ist. Oft reißen sie auch der Mutter interessante Dinge einfach aus der Hand, versuchen jedoch nicht, ihr vorgekaute Nahrung aus dem Mund zu nehmen. Daß Gorillamütter ihren Kindern aktiv Nahrung reichen, kommt fast nie vor; im Gegenteil, die Frauen entwenden ihren Jungtieren häufig begehrte Pflanzen aus der Hand oder dem Mund. Gelegentlich, aber sehr selten, beobachtet man, daß Mütter ihre Kinder daran hindern, giftige Pflanzen zu fressen (Fossey 1979; Watts 1985a).

Die Mutter und andere Gruppenmitglieder pflegen das Kind durch Grooming an allen Körperteilen. Auffällige Stellen wie Körperöffnungen, Ohren, Gesicht und die hellen Flecken an Händen und Füßen sind dabei besonders beliebt (Hess 1989). George Schaller (1963), der die soziale Körperpflege bei freilebenden Berggorillas fast ausschließlich zwischen Mutter und Kind sah, maß dieser Verhaltensweise kaum soziale, sondern in erster Linie praktische Funktion bei. Gelegentlich dient die Körperpflege jedoch sicher auch der Beruhigung, beispielsweise bei der Entwöhnung. Die Zeit, die dafür aufgewendet wird, variiert sehr stark; bei Flachlandgorillas in Zoos liegt sie im 1. Lebensjahr bei durchschnittlich 1,1 min/h, reicht aber – je nach Mutter – von 0,1 min/h bis mehr als 10 min/h (Meder 1987).

Sobald die Abstände zwischen den Stillvorgängen 2 Stunden übersteigen, kann der Zyklus wieder einsetzen, obwohl die Mutter häufig weiterhin Milch bildet und das Jungtier noch regelmäßig trinkt. Entwöhnt wird es dann in der Regel spätestens einige Wochen nachdem die Frau wieder schwanger geworden ist (Stewart 1988).

Wenn die Mutter ihr nächstes Jungtier zur Welt bringt, ist es für das vorhergehende oft sehr schwierig, sich an die neue Situation zu gewöhnen. Verweigert die Frau dem Kind konsequent die Brust und hält dennoch weiterhin Kontakt mit ihm, kann es die Entwöhnung gut verkraften, stößt sie es jedoch einerseits weg und läßt es andererseits noch trinken, wird das Jungtier völlig verunsichert. In einem von mir beobachteten Fall (Meder 1987) trank das 1. Kind während der 2. Schwangerschaft noch regelmäßig, und auch nach der Geburt des jüngeren Geschwisters gelang es dem nun knapp 3jährigen Kind, weiter bei der Mutter zu trinken. Diese Saugversuche wurden von der Frau allerdings meist nach kurzer Zeit abrupt unterbrochen. Auf die Verweigerung der Brust reagierte das ältere Jungtier mit Wutanfällen, unwillkürlichen Zuckungen von Armen, Beinen und Kopf sowie Aggression gegen jüngere Gruppenmitglieder, vor allem seine kleine Schwester. Bei freilebenden Berggorillakindern wurden ebenfalls heftige Reaktionen auf die Entwöhnung beobachtet.

Auch als Jugendliche bleiben Gorillas noch stark an die Mutter gebunden. Stirbt sie oder wandert sie in eine andere Gruppe ab, ziehen die Jungtiere sich zurück und werden apathisch und kränklich. In der Regel übernimmt dann der Silberrückenmann ihre Betreuung (Fossey 1983, 1984c).

Entwicklung der Bewegungsweisen

In den ersten 3 Monaten schlafen die kleinen Gorillas tagsüber zwischen 27 % und 56 % der Zeit, doch danach sinkt die Schlafdauer stark ab, und 2jährige Tiere brauchen am Tag fast keinen Schlaf mehr. In den ersten Lebenswochen werden die Aktivitäten der Jungtiere von automatischen und unkoordinierten Bewegungen bestimmt. Das Brustsuchen, ein angeborener Reflex, bei dem die Säuglinge den Kopf hin- und herbewegen und gleichzeitig auf einer Fläche mit den Lippen tasten, verschwindet im 2.–4. Monat. Etwa zur gleichen Zeit, im 2. Lebensmonat, beginnen die Tiere, sich aktiv mit ihrer Umwelt zu beschäftigen. Sie beobachten interessiert die Bewegungen ihrer eigenen Hände und versuchen, nach dem Körper der Mutter oder nach Gegenständen zu greifen – zunächst erfolglos, da sie noch unfähig sind, das Gesehene mit ihren Bewegungen zu koordinieren. Erste Erfolge erzielen sie dabei im 3.–4. Monat; menschlichen Kindern gelingt das gezielte Greifen frühestens im 5. Monat (Fossey 1984c; Hughes u. Redshaw 1973; Knobloch u. Pasamanick 1959; Schenkel 1960, 1964; Meder 1987).

Doch das Ergreifen ist nicht die einzige Methode, mit der kleine Gorillas ab dem 2. Lebensmonat ihre Umgebung erforschen. Sie beißen an jedem verfügbaren Objekt und betasten es mit den Lippen und der Zunge sowie den Fingerspitzen. Im 4. Monat schlagen sie auch auf Gegenstände und beginnen, sie zu zerpflücken und anderweitig genauestens zu untersuchen. Beißen und Schlagen zeigen männliche Jungtiere etwas häufiger als weibliche, beim Tasten mit den Fingern ist es umgekehrt (Meder 1987).

Wann junge Gorillas die einzelnen Entwicklungsstufen, die Jean Piaget für Menschen beschrieb, durchlau-
fen, untersuchte Chevalier-Skolnikoff (1976, 1977). Die
Reihenfolge der einzelnen Entwicklungsstufen ist bei beiden Arten dieselbe, doch die Menschenaffen erreichen die
frühen Stufen in der Regel eher. Manche der späteren
Stufen beobachtet man allerdings bei Gorillas nicht. So
benutzen diese Menschenaffen beispielsweise unter natürlichen Bedingungen im Gegensatz zu Menschenkin-
dern kaum Werkzeuge. Auch das Ineinander- und Auf-
einanderstapeln von Gegenständen, das in der Entwicklung von Menschen eine wesentliche Rolle spielt, sieht
man bei Gorillakindern nur selten. Außerdem beziehen
Gorillas in ihre Objektspiele fast nie Sozialpartner mit
ein, was Menschen ab einem Alter von 11 Monaten
regelmäßig tun.

Von Geburt an eilen Gorillakinder den menschlichen Säuglingen in der motorischen und kognitiven Entwicklung bis zu einer bestimmten Stufe voraus, und im
Lauf des 1. Lebensjahres wird dieser Vorsprung immer
deutlicher. Im Alter von 1 Jahr schließlich unterscheiden
sich die Fähigkeiten von Gorillas und Menschen schon
deutlich und die beiden Arten entwickeln sich auf getrennten Wegen weiter (Hughes u. Redshaw 1974;
Redshaw 1978).

Während die erste Fortbewegungsweise handaufgezogener Gorillas, die oft auf den Boden gelegt werden, im
allgemeinen das Krabbeln ist, beginnen natürlich aufgezogene Jungtiere gleich mit dem vierfüßigen Laufen.
Meist laufen diese von der Mutter aufgezogenen Gorillakinder ab dem 4. Monat, und bald darauf, im 5. Monat,
unternehmen sie die ersten Kletterversuche. Die Mutter
spielt dabei eine große Rolle; je eher sie ihr Kind losläßt
und ermutigt, sich selbständig zu bewegen, desto eher
beginnt es damit. Zweifüßiges Stehen und Laufen ent-

wickelt sich von allen Fortbewegungsweisen am Boden zuletzt – üblicherweise im 6.–9. Monat. Generell sind Gorillas den Schimpansen in der Entwicklung der Fortbewegungsformen um einige Wochen voraus (Tabelle 13).

Auch das Geschlecht scheint einen gewissen Einfluß zu besitzen: Weibliche Tiere klettern und laufen im Mittel etwas früher, männliche dagegen beginnen früher mit der zweifüßigen Fortbewegung. Insgesamt haben männliche Gorillakinder einen stärkeren Bewegungsdrang als weibliche, speziell was die zweifüßigen Fortbewegung betrifft (Meder 1987).

Verhaltensentwicklung

Schon bald beginnen Gorillakinder, sich mit ihrer Umgebung nicht nur tastend auseinanderzusetzen, sondern mit Gegenständen zu spielen, sie festzuhalten und hin- und herzuschleudern, herumzuschieben, zu zerreißen und herumzuwerfen. Diese einfachen Spiele beginnen etwa im 4. Lebensmonat. Allerdings verbringen nur handaufgezogene Gorillas in Zoos viel Zeit mit derartigen Objektspielen. Natürlich aufgezogene Jungtiere beschäftigen sich wenig mit unbelebten Gegenständen; der immer verfügbare Körper ihrer Mutter ist für sie offenbar wesentlich reizvoller (Hoff et al. 1981b; Meder 1989; Schaller 1963). Ältere Kinder spielen auch gern intensiv mit interessanten Gegenständen, beispielsweise Steinen oder hartschaligen Früchten. Mit diesen Objekten können die Gorillas verschiedenste Dinge tun – etwa sie auf einer Unterlage anordnen, hochnehmen, fallenlassen und sie auf unterschiedliche Weise bearbeiten. Komplizierte Konstruktionsspiele, wie sie nach Becker (1984) handaufgezogene Orang-Utans häufig zeigen, sind bei Gorillas allerdings sehr selten.

Häufig beschäftigen sich die Jungtiere außerdem spielerisch mit ihrem eigenen Körper, indem sie turnen, schwingen und schaukeln, am Boden rollen, Handstand machen, sich um die eigene Achse oder um Baumstämme drehen, mit geschlossenen Augen umhertorkeln und Grimassen schneiden. Solche Verhaltensweisen tauchen erstmals im 5. Lebensmonat auf, und ihren Höhepunkt erreichen sie in der 1. Hälfte des 2. Lebensjahres. Danach sinkt die Häufigkeit langsam ab, während Spiele mit Partnern zunehmen. Sind keine geeigneten Spielpartner vorhanden, verbringen die Tiere einen großen Teil ihrer Zeit mit den oben beschriebenen Solitärspielen; bei Tieren, die mit passenden Artgenossen zusammenleben, sind Solitärspiele jedoch vergleichsweise selten (Hoff et al. 1981b; Meder 1987).

Manche lebensnotwendigen Handlungsabläufe sind den Gorillas zwar angeboren, doch deren sinnvolle Anwendung müssen sie häufig lernen. Ein Beispiel hierfür ist die Entwicklung des Nestbauverhaltens. Um ein Nest zu bauen, müssen die Tiere folgende Handlungen durchführen: Zusammenziehen des Materials, Auflockern, Anordnen in einem Ring und Festdrücken. Weibliche Tiere beginnen damit im 8.–9. Monat, männliche etwa 2–3 Monate später. Interessanterweise wenden auch handaufgezogene Jungtiere, die niemals den Nestbau bei einem älteren Tier verfolgen konnten, diese Verhaltenselemente spontan bei allen Materialien an, die ihnen zur Verfügung stehen; sogar Plastikspielzeug wird in solche Konstruktionen einbezogen. Oft zeigen die Gorillas auch nur einzelne Elemente des Nestbaus ohne Zusammenhang, so daß beim Beobachter der Eindruck entsteht, daß sie dieses Verhalten ohne Ziel ausführen.

Während die so gebauten »Nester« auch von 5jährigen handaufgezogenen Tieren noch nicht zum Schlafen gebaut und benutzt werden, gelingt es natürlich aufgezogenen Gorillas schon mit 18 Monaten, sich eigene Tagnester zum Ruhen herzustellen. Das erste Nachtnest bauen sie, sobald ihre Mutter ein jüngeres Kind zur Welt gebracht hat, also frühestens mit knapp 3 Jahren (Fossey 1983). Die notwendigen Verhaltenselemente für den Nestbau sind folglich angeboren, doch ihre richtige Anwendung muß gelernt werden. Wie ein Nest angelegt wird und was man damit tut, das sieht ein Gorillakind im Normalfall bei seiner Mutter, die jeden Abend ein solches konstruiert und darin mit dem Kind im Arm schläft.

Angeboren ist mit Sicherheit auch das Imponieren. Jungtiere beginnen schon sehr früh, die dazugehörigen Verhaltensweisen zu üben: Bald nachdem sie stehen können, stellen sie sich oft in Imponierhaltung auf, und wenige Wochen nachdem sie laufen können, laufen sie schon im Imponiergang (Abb. 27). Männliche Jungtiere zeigen dieses Verhalten von Anfang an wesentlich häufiger als weibliche (Meder 1990b; Schaller 1963).

Junge weibliche Gorillas betreiben häufiger Körperpflege und beginnen schon früher damit als männliche. Solche Körperpflegehandlungen führen die Tiere ab dem 5. Lebensmonat aus; zunächst nur am eigenen Körper, doch ab dem 10. Monat auch an Artgenossen. Bei Schimpansen ist die Reihenfolge übrigens umgekehrt: Zuerst werden andere Tiere gegroomt, und erst später pflegen sie gelegentlich sich selbst (Goodall 1968).

Ebenso wie bei Menschen und vielen anderen Primatenarten, die in dieser Hinsicht beobachtet wurden, gibt es bei jungen Gorillas Geschlechtsunterschiede in der Verhaltensentwicklung. Wenn man bedenkt, wie verschieden die Rollen erwachsener Gorillamänner und -frauen sind, ist dies nicht verwunderlich. Männliche Gorillas bewegen sich von Anfang an wesentlich mehr, sie leiten häufiger Sozialspiele ein und sind öfter aggressiv. Weibliche Tiere dagegen betreiben öfter Körperpflege und verbringen mehr Zeit mit Nestbau. Dieselben Unterschiede wurden auch bei anderen Primatenarten festgestellt (Meder 1989, 1990b).

Soziale Beziehungen entstehen

In Zoos überließen Gorillamütter ihre Kinder schon mehrfach bereits in den ersten Monaten anderen Frauen zur Betreuung; diese stillten das fremde Kind sogar manchmal, wenn sie selbst Milch hatten. Der junge Gorilla zog das Interesse aller Gruppenmitglieder an, und immer wieder fanden sich »Tanten« ein, um das Jungtier zu betreuen, vor allem in seinen ersten Lebensmonaten. Dabei nahm entweder die »Tante« das Kleine seiner Mutter ab oder die Mutter reichte es ihr von sich aus (Meder 1987). Aus dem Freiland wurden solche Beobachtungen allerdings bisher nicht bekannt.

Doch auch jedes andere Gorillakind, das bei seiner Mutter groß wird, ist vom 1. Lebenstag an ein Teil der Gruppe. Es wächst langsam unter dem Schutz und der Kontrolle der Mutter in die Gemeinschaft hinein. Sobald die Mutter es den anderen Gruppenmitgliedern gestattet, nähern sich diese, um das Neugeborene zu betrachten, zu beriechen und zu berühren. Der Zeitpunkt hierfür hängt von der Position der Mutter in der Gruppe und ihrer Beziehung zu den jeweiligen Tieren ab. Häufig verstärken einzelne Gruppenmitglieder ihre bis dahin sehr schwachen Beziehungen zu der neuen Mutter, indem sie sie umarmen und versuchen, ein Spiel mit ihr zu beginnen und gleichzeitig das Junge kurz zu berühren. Erwachsene Frauen dürfen sich in der Regel als erste nähern, bei Männern und Jungtieren (mit Ausnahme der eigenen Kinder) ist die Mutter vorsichtiger. Doch spätestens wenn das Junge sich selbständig von der Mutter wegbewegt, ergreifen die anderen Tiere die Gelegenheit, Kontakt mit ihm aufzunehmen (Abb. 39). Besonders attraktiv ist dabei die Ano-Genital-Region des Jungtieres, die genau untersucht wird (Meder 1987; Tilford u. Nadler 1978).

Weibliche Gorillas haben mehr Interesse an Kleinkindern als männliche – was auch bei anderen Primaten die Regel ist –, beispielsweise indem sie sie herumtragen. Für junge, kinderlose Frauen gilt dies stärker als für ältere Frauen, die sich bereits fortgepflanzt haben (Fossey 1983; Hess 1989; Meder 1987, 1990b). Holzer Blersch (1990) stellte jedoch bei der Beobachtung von 9 jungen Gorillas in Zoos fest, daß männliche Tiere dieses Alters zu Kindern im 2. Lebensjahr mehr Kontakt aufnahmen als weibliche Tiere.

Während Erwachsene die Kinder vor allem halten, tragen und pflegen, versuchen junge Gorillas in erster Linie, sie als Spielpartner zu gewinnen (Abb. 40). Ab dem 5. Monat vertraut die Mutter ihren Säugling gelegentlich den Jungtieren an, holt ihn aber sofort zurück, wenn er grob behandelt wird. Männliche Juvenile spielem vor allem mit den Säuglingen, weibliche dagegen äußern ihr Interesse vorwiegend durch Beriechen, aber auch durch Herumtragen. Letzteres tun männliche Jungtiere kaum. Sie behandeln die Kleinen häufiger aggressiv als ihre weiblichen Artgenossen.

Erwachsene Männer sind ebenfalls oft sehr interessiert an Jungtieren, zumindest in Zoos. Sie behandeln die Kinder allerdings manchmal recht grob und benutzen sie gelegentlich als Mittel, um die Aufmerksamkeit der anderen Tiere auf sich zu ziehen und die Mütter zu provozieren (Holzer Blersch 1990; Mitchell 1989). Aus dem Freiland ist dies nicht bekannt.

Die Begeisterung weiblicher Gorillas für Kleinkinder, die schon im juvenilen Alter deutlich wird, ist sicher angeboren, da sie handaufgezogene Tiere ebenso zeigen wie

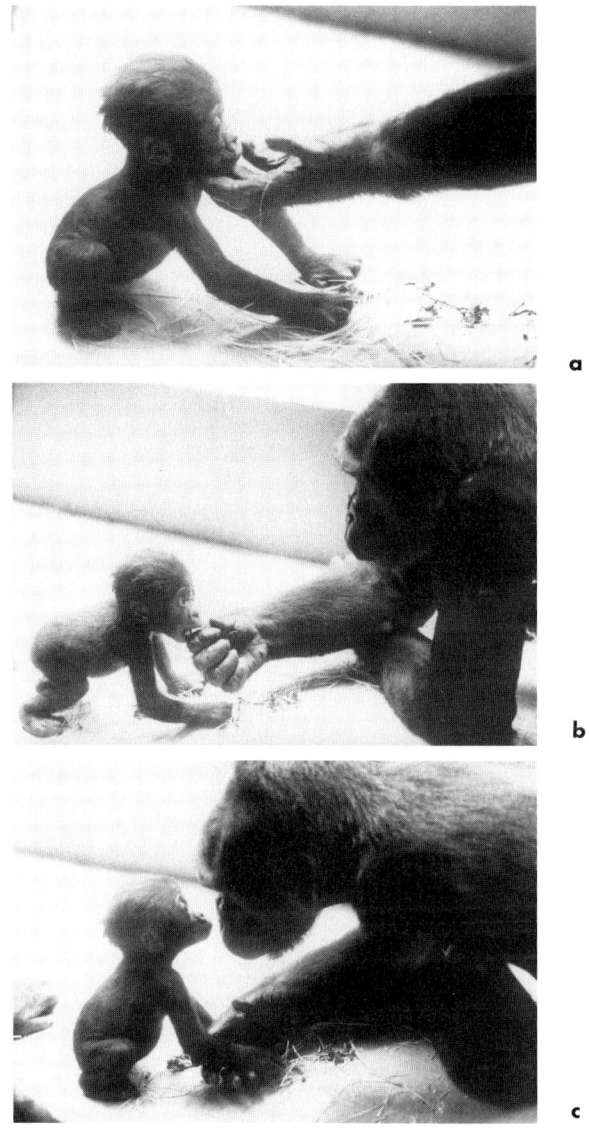

a

b

c

Abb. 39a–c. Kontakte zwischen Moseka und ihrer Großmutter Mimi (15. Lebenswoche).

Abb. 40. Zwei Jungtiere streiten sich um ein Kleinkind.

mutteraufgezogene. Dieser Kontakt trägt nicht nur zur sozialen Integration der Kleinkinder bei, sondern auch zu der der jungen »Tanten«, weil sie auf diese Weise eine engere Beziehung zum Kind und seiner Mutter aufbauen.

Die Initiative zur Aufnahme junger Gorillas in ihre Gruppengemeinschaft geht jedoch nicht nur von den anderen Tieren aus, sondern auch von den Jungtieren selbst. Schon ab dem 4. Lebensmonat, wenn sie gerade erst laufen können, beginnen die Kleinen langsam, andere Tiere zu Spielen zu animieren. Im Lauf des 1. Lebensjahres steigt die Häufigkeit ihrer Spieleinleitungen stark an (Fossey 1979; Hoff et al. 1981b; Mallinson et al. 1973; Meder 1987, 1990b).

Sozialspiele nehmen im Leben junger Gorillas und bei der Integration in ihre Gruppe eine zentrale Rolle ein. Durch Spiele werden die Kinder mit jedem einzelnen Tier vertraut und von diesem als zur Gruppe zugehörig akzeptiert. Sie üben im Spiel ihre sozialen Fähigkeiten, vor allem die Verständigung mit Artgenossen, und erlernen durch Nachahmung der anderen Gruppenmitglieder sowie durch Versuch und Irrtum in den ersten Lebensjahren diejenigen Verhaltensweisen, die nicht angeboren sind (Chevalier-Skolnikoff 1977). Zu Beginn schreiten die Mütter bei jedem Fehler ein, später aber nur noch im Notfall. Die Einordnung in die Gruppe fordert von den jungen Gorillas, daß sie ihre eigenen Bedürfnisse gelegentlich zurückstellen; dies müssen sie erst am eigenen Leib erfahren.

In der 1. Hälfte des 2. Lebensjahres beginnen die Kinder ihr Selbstbewußtsein zu entwickeln und versuchen, ihre Artgenossen zu dominieren. Außerdem zeigen sie, wenn ihnen etwas weggenommen wird, häufig Wutausbrüche, bei denen sie lange und laut schreien, während sie ungerichtet herumlaufen oder sich auf den Boden werfen. Meist lassen sich allerdings die anderen Tiere von diesem Verhalten nicht beeindrucken, so daß die Kinder nach und nach erkennen, wo ihre Grenzen liegen. Vor allem für männliche Jungtiere ist dieser Prozeß wichtig, da er die Entwicklung normaler sozialer Beziehungen fördert und übermäßige Aggressivität verhindert. Dies bewirkt, daß Gorillas in Zoos, die seit ihrer frühen Kindheit mit erwachsenen Artgenossen aufgewachsen sind, wesentlich weniger Eingewöhnungsprobleme haben, wenn sie in eine fremde Gruppe kommen, als Handaufgezogene ohne Kontakt zu erwachsenen Gorillas (Johnstone-Scott 1984).

Fortpflanzungsphase und Älterwerden

Die erste Brunst, die an einer Schwellung der Schamlippen und an bestimmten Verhaltensweisen (Paarungsaufforderungen) zu erkennen ist, tritt bei weiblichen Berggorillas im Freiland frühestens am Ende des 6.

und spätestens am Beginn des 8. Lebensjahres auf. Der Mittelwert liegt bei 6 Jahren und 4 Monaten. Bis zum ersten Eisprung vergehen aber noch etwa 2 Jahre. Damit verläuft die physiologische Entwicklung dieser Menschenaffen schneller als die der Schimpansen, die im Freiland durchschnittlich mit 10–11 Jahren ihre erste volle Schwellung haben (Tabelle 12).

Bei Flachlandgorillas in Zoos beobachtet man jedoch die erste Brunst oft noch wesentlich früher, gelegentlich schon im Alter von 4 1/2 Jahren. Der erste Eisprung kann unter Gefangenschaftsbedingungen schon am Ende des 6. Lebensjahres erfolgen, was allerdings im Freiland noch nie registriert wurde; dort haben Frauen frühestens mit knapp 8 Jahren einen Eisprung. Schimpansen in Gefangenschaft dagegen werden knapp 2 Jahre später geschlechtsreif als Gorillas, und bei Menschen in westlichen Industriestaaten erreichen Mädchen heute frühestens mit etwa 12 Jahren, im Mittel mit 14–15 Jahren die Geschlechtsreife (Martin 1981; Wu 1988).

Die Pubertät männlicher Gorillas zieht sich über mehrere Jahre hin, in deren Verlauf sich der silbrige Rücken, die mächtigen Eckzähne und andere sekundäre Geschlechtsmerkmale entwickeln. Geschlechtsreif werden sie schon vor dem Abschluß dieses Prozesses; wann genau, ist jedoch noch nicht untersucht worden. Nach Harcourt et al. (1981b) können sich Berggorillamänner frühestens mit 15 Jahren, also mit voll ausgebildetem Silberrücken, fortpflanzen. Schwarzrückenmänner erhalten in der Regel aufgrund der Gruppenstruktur keine Möglichkeit, Nachwuchs zu zeugen, so daß Angaben über den Beginn der Zeugungsfähigkeit aus dem Freiland fehlen. Vermutlich tritt unter Freilandbedingungen bei männlichen Tieren ebenso wie bei weiblichen die Geschlechtsreife später ein als im Zoo, wo bereits knapp

7jährige Männer sich als zeugungsfähig erwiesen (Kirchshofer 1992).

Die Ausbildung der sekundären Geschlechtsmerkmale (möglicherweise auch der Geschlechtsreife) kann sich bei männlichen Gorillas um mehrere Jahre verzögern, wenn ein voll ausgewachsener Mann in derselben Gruppe lebt. Susan Kingsley (1988) beobachtete dieses Phänomen bei einem Orang-Utan, der mit einem älteren männlichen Artgenossen zusammenlebte und in seiner körperlichen Entwicklung, vor allem der Ausbildung der sekundären Geschlechtsmerkmale, zurückgeblieben war. Dieses Tier wurde schließlich von seinem älteren Geschlechtsgenossen getrennt; daraufhin stellte Kingsley bei ihm einen sprunghaften Anstieg der Testosteronproduktion fest. Durch das Testosteron entwickelte er sich innerhalb kürzester Zeit zum sogenannten Backenwülster, einem voll erwachsenen Mann. Obwohl vergleichbare Untersuchungen für Gorillas noch nicht vorliegen, legen Beobachtungen an Männern in Gefangenschaft den Schluß nahe, daß die Verhältnisse bei ihnen sehr ähnlich liegen – dies gilt zumindest für Männerpaare, deren Beziehung gespannt ist.

Nach bisher vorliegenden Daten aus Zoos kann man annehmen, daß männliche Gorillas etwa 1 Jahr später geschlechtsreif werden als weibliche, während dies beim Menschen etwa im selben Alter geschieht (Wu 1988). Der Grund hierfür dürfte der beträchtliche Größenunterschied zwischen den Geschlechtern bei Gorillas sein, der wahrscheinlich durch einen stark verzögerten Beginn der Pubertät bei den männlichen Tieren zustandekommt.

Gorillas, die ein Alter von 35 Jahren oder mehr erreicht haben, zeigen deutliche Alterserscheinungen: Betagte Berggorillas erkranken ungewöhnlich oft an Arthritis, die vor allem die Hand- und Fußknochen schädigt, und leiden meist unter Zahnverlust als Folge von Parodontose, so daß ihnen vermutlich die Nahrungsaufnahme Probleme bereitet. Sie brauchen für ihre Ernährung und die Fortbewegung meist länger als die übrigen Gruppenmitglieder. Diese richten jedoch ihre Aktivitäten nach den schwächeren Tieren und sehen häufig nach ihnen, ebenso wie sie es bei Kranken tun. Erst wenn ihr Tod bevorsteht, werden sie manchmal zurückgelassen oder ziehen sich selbst zurück (Fossey 1983; Lovell 1990; Rothschild u. Woods 1992).

Über das Höchstalter freilebender Gorillas ist noch nichts Genaues bekannt, da die Tiere erst seit 1967 beobachtet werden. Jörg Hess (1989) vermutet, daß sie 60 Jahre alt werden können und im Mittel ein Alter von 40–45 Jahren erreichen. Der älteste Gorilla, der in einem Zoo lebte, starb etwa 53jährig in Philadelphia.

Individuelle Beziehungen in einem starken Sozialgefüge

Haremsgruppen bestehen in der Regel aus einem erwachsenen Mann, mehreren Frauen und deren Nachkommen. Wenn eine solche Gruppe 2 oder mehr Silberrückenmänner enthält, ist dennoch immer der älteste eindeutig dominant und meist auch als einziger sexuell aktiv. Dieser Mann leitet die Gruppe und stellt ihr Zentrum für alle Mitglieder dar. Er bestimmt die Richtung und die Länge der Wanderungen aufgrund seiner Kenntnis der Umgebung und der Nahrungsplätze. Für die Gruppe bildet dies eine wesentliche Voraussetzung zum Überleben. Außerdem bietet der leitende Silberrückenmann den übrigen Gruppenmitgliedern Schutz vor Raubtieren und anderen Feinden, eine Aufgabe, die allerdings auch jüngere Männer übernehmen können, wenn es solche in der

Gruppe gibt (Harcourt 1979d; Fossey 1983; Yamagiwa 1987b).

In Ruhephasen scharen sich die Gruppenmitglieder enger um den Leiter als während der Wanderungen und der Nahrungsaufnahme. Freundliche Kontakte gehen in der Regel wesentlich häufiger von den Frauen an den Mann als umgekehrt, die individuellen Unterschiede sind allerdings sehr groß. Mütter mit Kindern verbringen besonders viel Zeit in der Nähe des führenden Mannes, um so mehr, je jünger die Kinder sind. Die Mütter vertrauen dem Silberrückenmann manchmal so stark, daß sie sich weit von ihm entfernen, während er die Kinder pflegt oder mit ihnen spielt (Yamagiwa 1983).

Auch die Jungtiere suchen die Nähe des Mannes, der fast immer ihr Vater ist; nach der Mutter ist er für sie das wichtigste Mitglied der Gruppe. Sie halten sich sehr häufig bei ihm auf, lehnen sich an ihn und beziehen ihn in ihre Spiele mit ein, um damit die Bindung zu ihm zu stärken. Eine solche enge Beziehung kann lebensnotwendig sein. Ältere Jungtiere suchen deshalb während der Wanderungen sogar häufiger die Nähe des Gruppenleiters als die ihrer Mutter. Der Mann schützt die Kleinen davor, von einem fremden Mann getötet zu werden, und seine Fürsorge erhöht die Überlebenschancen der Kinder, wenn deren Mutter stirbt oder die Gruppe verläßt. In diesem Fall ist der Silberrückenmann – in der Regel der Vater – der einzige, der sich intensiv um sie kümmert. Er läßt die Jungtiere sogar in seinem Nest schlafen (Fossey 1983; Harcourt 1978a; Hess 1989; Stewart u. Harcourt 1987).

Eine weitere Gelegenheit, bei der ein Silberrückenmann seinen Kindern helfen kann, ist die Entfernung von Drahtschlingen, in die sie geraten sind, und die er mit seinen Eckzähnen löst. Dian Fossey (1983) berichtete von einem solchen Fall, bei dem alle Anzeichen auf ein Entfernen der Schlinge durch den Gruppenleiter hindeuteten.

Die individuellen Unterschiede in der sozialen Aktivität erwachsener Frauen und in ihren Beziehungen zu anderen Frauen sind beträchtlich. In gewissem Rahmen lassen sich die Beziehungen zwischen Frauen auf die Geschichte ihrer Gruppe zurückführen. In jungen Gruppen ohne Jungtiere sind die Frauen in der Regel nicht miteinander verwandt und haben deshalb eine engere Bindung zum Mann als zu anderen Frauen. Generell verhalten sich Gorillafrauen untereinander sehr distanziert, und aggressive Auseinandersetzungen wären häufig, wenn der Silberrückenmann sie nicht unterdrücken würde. Dennoch suchen die Frauen die Nähe weiblicher Artgenossen und ruhen oft mit ihnen zusammen; vor allem Mütter mit kleinen Kindern halten sich häufig in Gesellschaft anderer Mütter auf (Hess 1989; Hoff et al. 1982; Yamagiwa 1983; Watts 1990c).

Anders sieht es bei Frauen in etablierten Gruppen aus: Erwachsene Töchter bilden mit ihren Müttern Clans (Matrilinien), die eng zusammenhalten. Sichtbar wird das beispielsweise daran, daß sich die Verwandten häufig nahe beieinander aufhalten, sich öfter gegenseitig das Fell pflegen, sich bei Auseinandersetzungen unterstützen und sich seltener aggressiv begegnen (Stewart u. Harcourt 1987).

Die Beziehungen zwischen dem Gruppenleiter und heranwachsenden Männern sind zwiespältig: Einerseits sollte der Leiter mindestens einen seiner Söhne in der Gruppe halten, damit dieser sie später übernehmen kann, andererseits stellen andere erwachsene Männer eine Konkurrenz für ihn dar. Ob sich ein heranwachsender Mann zu einem möglichen Nachfolger oder zu einem Einzelgänger entwickelt, wird vermutlich schon in der Kindheit bestimmt. Harcourt u. Stewart (1981) unterschieden 2 Typen von Beziehungen bei Berggorillamännern, eine enge und eine schwache. Söhne mit einer engen Beziehung zu ihrem Vater halten sich häufig in seiner Nähe auf und übernehmen später in der Regel die Gruppe, während Söhne mit einer schwachen Beziehung auswandern. Die Mütter von Söhnen fördern die Entstehung einer engen Beziehung zum Gruppenleiter, die auch in ihrem Interesse liegt, indem sie schon mit den Kleinkindern viel Zeit in seiner Nähe verbringen und so Kontakte zwischen Vater und Sohn ermöglichen. Später, wenn der Sohn zum Schwarz- bzw. zum Silberrückenmann herangewachsen ist, versucht er selbst, den freundlichen Kontakt zum Vater aufrechtzuerhalten. Für ihn hat das Bleiben in der Gruppe einen wesentlichen Vorteil: Er kann nach dem Tod seines Vaters oder vielleicht schon vorher Nachwuchs zeugen, während ihm dies nach einem Abwandern einige Jahre lang nicht möglich wäre (Harcourt 1979a; Sicotte 1992).

Bei seinem zum Nachfolger erkorenen Sohn duldet der Gruppenleiter häufig Kopulationen mit brünstigen Frauen, während diejenigen Männer, die an den Rand der Gruppe gewandert sind, meist gar nicht mit Frauen in Kontakt kommen. Doch selbst wenn sie zufällig einer brünstigen Frau aus ihrer Gruppe begegnen, wagen sie in der Regel nicht, diese zur Paarung aufzufordern. Sie lösen sich nach und nach aus dem Verband. Da ihre Beziehung zum Gruppenleiter über viele Jahre gewachsen ist und die beiden Männer sich sehr gut kennen, muß der ältere den jüngeren nicht bekämpfen, um ihn zum Verlassen der Gruppe zu bewegen. Die Abwanderung des Sohnes geschieht »im gegenseitigen Einvernehmen«. Danach zieht er als Einzelgänger umher oder schließt sich anderen männlichen Tieren an.

Solche Männergruppen werden von Männern verschiedenen Alters gebildet. Wenn die Verbände mehrere Silberrückenmänner enthalten, kämpfen diese manchmal heftig miteinander, aber dennoch sind aggressive Auseinandersetzungen in diesen Gruppen nicht häufiger als in gemischten Verbänden. Die sehr engen Beziehungen zwischen ihren Mitgliedern werden weniger von der Dominanz der älteren als von den freundlichen Kontakten der jüngeren Tiere geprägt. Die Subadulten (6–8 Jahre) sind besonders aktiv; sie spielen miteinander, betreiben soziale Körperpflege und fördern als Partner für homosexuelle Interaktionen (s. s. 125) und durch Eingreifen in Kämpfe den Gruppenzusammenhalt. Wenn sie in Auseinandersetzungen zwischen anderen Mitgliedern der Männergruppe eingreifen, unterstützen sie nicht das ranghöhere Tier, sondern das Opfer, und versuchen mit Imponieren, Schreien und Husten, den Kampf zu beenden (Harcourt 1988; Yamagiwa 1987a).

In Gruppen, die nur aus Schwarz- und Silberrückenmännern bestehen, gibt es dagegen nur wenig soziale Aktivität. Martha Robbins (1992b) beobachtete zwischen den Mitgliedern einer solchen Männergruppe sehr wenige freundliche Kontakte, so daß in diesem Fall andere Faktoren für den Zusammenhalt der Gemeinschaft verantwortlich sein mußten. Aggressive Auseinandersetzungen stiegen deutlich an, als sich in der von ihr untersuchten Gruppe einer der Männer zum Führer entwickelte.

Begegnungen zwischen Gorillagruppen

Die Leiter kleiner Gruppen und vor allem Einzelgänger führen Begegnungen mit Haremsgruppen häufig aktiv herbei, indem sie solchen Gruppen mehrere Tage lang folgen. Silberrückenmänner, die große, stabile Gruppen leiten, weichen jedoch möglichen Konkurrenten aus, da sie ihre Frauen an diese verlieren könnten (s. S. 75).

George Schaller kam in seiner frühen Studie zu dem Ergebnis, daß sich Gorillagruppen äußerst friedlich begegnen und höchstens gegeneinander imponieren. Nach einigen Jahrzehnten Gorillaforschung stellt sich dies jedoch anders dar: Mehr als 75 % der Begegnungen zwischen Berggorillagruppen sind aggressiv geprägt. Bei solchen Auseinandersetzungen spielt der Wettbewerb um Nahrung oder Streifgebiete keine Rolle, sondern nur der um fortpflanzungsfähige Frauen (Harcourt 1981b).

Treffen 2 Gorillagruppen bzw. eine Gruppe und ein einzelner Mann zusammen, imponieren die Silberrückenmänner sehr heftig mit Brusttrommeln, Hooting, Imponierläufen und Brechen von Ästen. Genügt das nicht, einen der Widersacher zu vertreiben, kommt es zu heftigen Kämpfen, bei denen sich die Tiere so schwer verletzen können, daß sie sterben.

Nicht selten beteiligen sich außer dem Gruppenleiter auch jüngere Männer und sogar Frauen daran, so daß danach nicht nur Silberrückenmänner, sondern auch andere Erwachsene ernste Verletzungen aufweisen können. 62 % aller Wunden erwachsener Berggorillas rühren von Auseinandersetzungen mit gruppenfremden Artgenossen her. Dian Fossey, die im Lauf ihrer Arbeit Schädel von Berggorillamännern sammelte, fand an 74 % dieser Schädel Spuren verheilter Kopfverletzungen, und bei 80 % fehlte mindestens ein Eckzahn ganz oder teilweise. Bei 2 Schädeln steckten sogar abgebrochene, eingewachsene Eckzähne in den Überaugenwülsten (Fossey 1983).

6 Gorillas im Zoo und in der Forschung

Untersuchung der Intelligenz

Von allen Primaten besitzt der Mensch mit durchschnittlich 1250 g bei weitem das schwerste Gehirn; an 2. Stelle steht mit rund 500 g der Gorilla. Über die geistigen Fähigkeiten von Gorillas kann man allerdings keine zuverlässige Aussage machen, wenn man ausschließlich das Gehirngewicht heranzieht. Üblicherweise wird hierzu das Verhältnis von Gehirn- und Körpergewicht ermittelt. So betrachtet, rangiert der Gorilla, dessen Gehirngewicht 0,3–0,5 % des Körpergewichts ausmacht, an letzter Stelle unter den Hominoiden (Menschenaffen und Menschen); beim Orang-Utan sind es 0,6–1,0 %, beim Schimpansen rund 0,9 % und beim Menschen 2,1–2,2 % (Dixson 1981; Harvey et al. 1987; Tuttle 1986).

Menschenaffen unterscheiden sich allerdings bezüglich des Verhältnisses Gehirngewicht-Körpergewicht nicht grundlegend von den übrigen Primaten. Da die Menschenaffen jedoch nachweisbar höhere geistige Fähigkeiten entwickeln als »Tieraffen«, müssen bei diesen beiden Primatengruppen die Feinstruktur der Gehirne und die Verknüpfung der Nervenzellen beträchtlich abweichen.

Intelligenz hängt aber auch ganz erheblich von der Größe des Großhirns ab, so daß der Mensch schon allein deshalb allen anderen Primaten weit überlegen ist (Parker 1990). Seit einigen Jahrzehnten beschäftigen sich Verhaltensforscher, Anthropologen und Psychologen mit der Frage, worin die besonderen geistigen Fähigkeiten des Menschen bestehen und wie groß in dieser Hinsicht die Kluft zu seinen nächsten Verwandten ist. Doch je mehr Forschungsergebnisse vorliegen, desto schwieriger erscheint die Beantwortung dieser Frage.

Als »Intelligenz« wird heute meist die Fähigkeit definiert, Ursache und Wirkung in der Umwelt sowie die logischen Beziehungen der Dinge untereinander zu verstehen und dieses Verständnis im eigenen Leben anzuwenden. Zusammengefaßt gibt Parker (1990) als Maß für die Intelligenz eines Lebewesens an: die Anzahl und Komplexität seiner Möglichkeiten, die Umwelt zu beeinflussen, die Art und Weise, wie sie kombiniert und auf welche Objekte sie angewandt werden können, sowie die Zeit, die für solche Leistungen benötigt wird.

Erste Versuche, die geistigen Fähigkeiten von Gorillas im Vergleich zu anderen Primaten zu ermitteln, machte Yerkes (1927) mit einem jungen weiblichen Berggorilla namens Congo. Beim Aufbau der Versuche orientierte er sich an denen von Köhler (1921), der eine Gruppe von Schimpansen intensiv studiert hatte. Yerkes wies in seinen Ausführungen immer wieder darauf hin, daß sich Congo im Charakter völlig von Schimpansen unterschied: Sie war außerordentlich ruhig, zurückhaltend, duldsam und kooperativ. Bei den Experimenten reagierte sie nicht so impulsiv und überstürzt wie Schimpansen, sondern sie schien zunächst ihre Aktivitäten zu überdenken, bevor sie zu handeln begann. In einer dieser Versuchsreihen wurde die Fähigkeit des Werkzeuggebrauchs untersucht. Dabei beobachtete der Forscher, daß sich Congo sehr schwer tat, mit einem Stock Nahrung heranzuholen. Nach Abschluß seiner Versuche kam Yerkes

(1928) zu dem Ergebnis, daß die Intelligenz Congos unter
der von Schimpansen lag, da Congo weniger anpassungs-
fähig und neugierig war und außerdem weniger Drang
zur Nachahmung zeigte.

Anders als Schimpansen benutzen freilebende Gorillas nach bisherigen Erkenntnissen keine Werkzeuge
zum Nahrungserwerb. Da ihre Nahrungspflanzen im
Überfluß wachsen, gibt es dafür auch keinen Anlaß. Dennoch sind sie durchaus in der Lage, Werkzeuge herzustellen. Böer u. Janke-Grimm (1990) beispielsweise sahen im
Zoo, daß ein junger Gorillamann einen Stein zerbrach
und mit dem scharfen Rand Rinde von einem Ast ab-
schabte, um sie zu fressen.

Wahrscheinlich liegt es zum Teil an diesem Fehlen
von Werkzeuggebrauch unter natürlichen Bedingungen,
daß Gorillas häufig anders reagieren als die übrigen Menschenaffenarten, wenn ihre diesbezüglichen Fähigkeiten
getestet werden. Yerkes (1927) fand, daß das Interesse an
Aufgaben, die große Handfertigkeit erforderten, bei Gorillas sehr gering war. Rensch u. Dücker (1966) stellten
ebenfalls fest, daß Gorillas einen Kasten, der mit verschiedensten mechanischen Verschlüssen versehen war,
erst erfolgreich öffneten, nachdem ihnen dies gezeigt
worden war. Orang-Utans lösten diese Aufgabe dagegen
oft spontan.

Ganz andere Ergebnisse lieferten die Versuche von
Marianne Holtkötter (1990), die Problemlösestrategien
bei verschiedenen Primatenarten analysierte. Ein Gorilla
bewies hier ein tieferes Verständnis für die Probleme, die
hinter den gestellten Aufgaben standen, als die Vertreter
der anderen Menschenaffenarten. Dabei unterschieden
sich die Fähigkeiten der einzelnen Tiere ganz beträchtlich. Offenbar gibt es bei Menschenaffen – ebenso wie bei
Menschen – Individuen mit ganz verschiedenen Talenten.

Wie bei den anderen Menschenaffenarten können die Handlungen von Gorillas als zukunftsbezogen bezeichnet werden: Die Tiere lösen ohne Zögern Aufgaben, bei denen sie eine Belohnung erhalten, welche sie nicht sehen können, aber bei vorhergehenden Versuchen regelmäßig bekamen.

Um festzustellen, ob Menschenaffen ein Bewußtsein ihrer eigenen Identität besitzen, wurden schon mehrfach Versuche durchgeführt, bei denen man den Tieren einen Spiegel präsentierte. Bereits Yerkes (1927) tat dies bei seinen Versuchen mit Congo und bemerkte dabei, daß sie einen Artgenossen hinter dem Spiegel vermutete. Im Anschluß an eine solche Phase, die in ähnlichen Experimenten alle Menschenaffenarten durchliefen, merkten Orang-Utans und Schimpansen jedoch oft schon nach kurzer Zeit, daß sie sich selbst sahen. Sie beobachteten sich aufmerksam und betasteten ihren Kopf, während sie ihre eigenen Bewegungen verfolgten. Besonders deutlich wurde, daß sie sich erkannten, wenn sie einen auf ihre Stirn gemalten Farbfleck berührten, sobald sie ihn im Spiegel wahrnahmen (Lethmate u. Dücker 1973).

Suarez u. Gallup (1981) führten zahlreiche solcher Versuche mit Schimpansen, Orang-Utans und Gorillas durch. Schimpansen behandelten das Spiegelbild schon am 2. Tag nicht mehr wie einen Artgenossen, sondern erkannten sich selbst; bei Gorillas fanden diese Wissenschaftler jedoch keinerlei Hinweis darauf. Im Gegensatz dazu beobachtete Francine Patterson (1991) bei Spiegelversuchen mit der Gorillafrau Koko Anzeichen, die auf ein Selbsterkennen hindeuteten. So betastete Koko einen Fleck an ihrem Zahnfleisch und untersuchte ihre Zunge, während sie in den Spiegel sah. Offenbar gibt es also individuelle Unterschiede in der Fähigkeit, sich im Spiegel zu erkennen. Dies belegt auch eine neuere Studie an Schimpansen von Swartz u. Evans (1991), in der nur eines von 11 Tieren den Versuch mit dem Farbfleck erfolgreich absolvierte.

»Sprechende« Affen

Zahlreiche Psychologen versuchten, die Intelligenz von Menschenaffen zu messen, indem sie ihnen eine Sprache beibrachten, die für Menschen leicht nachzuvollziehen war. Da Menschenaffen keine Lautsprache im menschlichen Sinn erlernen können, schien dazu eine Gebärdensprache am geeignetsten.

Die ersten Sprachschüler waren Schimpansen. 1966 erwarb das Ehepaar Gardner die kleine Washoe und brachte ihr mit großem Erfolg die Taubstummensprache Ameslan (American Sign Language) bei. Später wurde dieses Experiment mit weiteren Tieren fortgesetzt. Eine völlig andere Art von »Sprache« erlernte einige Jahre später die Schimpansin Sarah, die David Premack unterrichtete: Sie kombinierte verschieden geformte und gefärbte Symbole aus Plastik zu »Sätzen«.

Der erste Gorilla, der ein Sprachtraining erhielt, war Koko. Sie wurde 1971 im Zoo von San Francisco geboren und kam im Alter von 1/2 Jahr zu Francine Patterson, die sie aufzog und ihr Ameslan beizubringen begann, während sie gleichzeitig die englischen Wörter aussprach. Bereits in der 2. Woche benutzte Koko 2 Zeichen – »Essen« und »Trinken«. Nach 10 Jahren beherrschte sie 500 Zeichen, und etwa 1000 Zeichen hatte sie mindestens einmal korrekt angewandt. Sie erlernte die Zeichensprache durch Nachahmung und indem ihre Hände von der Lehrerin in die richtige Stellung gebracht wurden. Dabei zeigte sie sehr ähnliche Fähigkeiten wie die Schimpansen, die zuvor in Zeichensprache unterrichtet worden waren. Koko variierte die ihr beigebrachten

Zeichen selbständig und kombinierte mehrere Zeichen, wenn sie unbekannte Dinge benennen sollte (Patterson 1984, 1986).

Francine Patterson gibt zu, daß die Dialoge mit Koko für einen Außenstehenden völlig unsinnig aussehen und die Antworten des Gorillas zunächst interpretiert werden müssen. Über diese Interpretationen gehen die Meinungen der Experten allerdings sehr auseinander. Patterson meint jedenfalls, daß Kokos Intelligenz 85–95 Punkte beträgt, also an der unteren Grenze normaler menschlicher Intelligenz liegt. Sie soll lügen, drohen, beleidigen und fluchen können sowie die verschiedensten Gefühle und Stimmungen ausdrücken – Verlegenheit, Eitelkeit, Humor, Stolz, Eifersucht, Trauer und Sinn für Ästhetik.

Vauclair (1990) vertritt wie die meisten Fachleute die Ansicht, daß sich Unterhaltungen zwischen Menschen von denen »sprechender« Menschenaffen dadurch unterscheiden, daß letztere nicht über Dinge und Vorgänge reden können, die sie nie gesehen haben. Francine Patterson jedoch will mit Gorillas auch über abstrakte Dinge und über Vergangenheit und Zukunft geredet haben. Bei einer dieser Sitzungen ging es um den Tod. Der Dialog spielte sich wie folgt ab (Patterson 1986):

Lehrer: Wann sterben Gorillas?
Koko: Beschwerden, alt
Lehrer: Wohin gehen Gorillas, wenn sie sterben?
Koko: Bequemes Loch, auf Wiedersehen
Lehrer: Was fühlen Gorillas, wenn sie sterben: Glück, Trauer oder Angst?
Koko: Schlafen

Obwohl die Projekte, bei denen Menschenaffen »sprechen« lernen, in der Öffentlichkeit großes Interesse finden, werden die dabei angewandten Methoden und die Ergebnisse von anderen Wissenschaftlern sehr skeptisch betrachtet. Als Hauptkritik führen sie an, daß die Trainer den Tieren häufig die Zeichen, die sie erwarten, unbewußt vormachen. Dieser Vorwurf kommt nicht von ungefähr; Herbert Terrace, der selbst Sprachversuche bei Schimpansen gemacht hatte, stellte dieses Phänomen mit seinen Mitarbeitern bei einer Analyse seiner eigenen und fremder Experimente fest (Terrace et al. 1979).

Doch nicht nur die Methoden, mit denen die Sprachtrainer bei Menschenaffen arbeiten, werden seit einigen Jahren in Frage gestellt, sondern auch der gedankliche Ansatz. Die Intelligenz von Tieren läßt sich einfach nicht mit menschlichen Maßstäben messen. Da Menschenaffen eine Sprache, die wie unsere aus Wörtern und Sätzen besteht, unter normalen Bedingungen nicht benötigen, fehlen ihnen die entsprechenden Voraussetzungen.

Verhaltensforscher untersuchen heute die geistigen Leistungen von Primaten meist an ihren natürlichen Verhaltensweisen. Jede Menschenaffenart hat eine spezielle Intelligenz, die sich in Anpassung an ihre Umwelt entwickelte. Besonders wichtig bei sozialen Tieren wie den Gorillas ist die Fähigkeit, sich mit anderen Primaten über Zusammenhänge in der gemeinsamen Umwelt zu verständigen. Juan Carlos Gomez (1990) stellte bei der Beobachtung eines jungen Gorillas im Zoo fest, daß das Tier seine menschlichen Betreuer zu Hilfe holte, wenn es eine Tätigkeit nicht selbst ausführen konnte. Zum Öffnen einer Tür beispielsweise nahm es den Menschen an der Hand, führte ihn hin, blickte abwechselnd in seine Augen und auf die Türklinke, und führte manchmal sogar seine Hand zur Klinke. Eine solche Kommunikation mit Gesten wurde auch bei anderen Menschenaffen beobachtet. Besonders weit entwickelt ist sie offensichtlich bei Bonobos (Savage-Rumbaugh et al. 1977).

Die direkte Kommunikation zwischen zwei Individuen ist jedoch nur ein Aspekt der sogenannten »sozialen
Intelligenz« der Primaten. Wissenschaftler beginnen erst
zu verstehen, wie hochentwickelt die sozialen Beziehungen unserer nächsten Verwandten tatsächlich sind, und
neue Studien führen immer wieder zu völlig überraschen-
den Erkenntnissen (z. B. Byrne u. Whiten 1988).

Zucht und Aufzucht

137 Zoos halten heute Gorillas, die zum Großteil
bereits außerhalb ihrer afrikanischen Heimat zur Welt
kamen. 1976, als der Gorilla in den Anhang I des Washingtoner Artenschutzübereinkommens aufgenommen
wurde, sah das noch anders aus: von den 498 in Gefangenschaft lebenden Gorillas stammten 403 (81 %) aus
freier Wildbahn. Von den 692 Tieren, die Ende 1991 in
Zoos lebten, waren dagegen 371 (53,6 %) in Gefangenschaft geboren (Abb. 41).

Am 22.12.1956 verzeichnete der Zoo von Colum-
bus/Ohio in den USA die erste Gorillageburt in Gefangenschaft. Seit den 60er Jahren stiegen die Geburtenzah-
len zunächst langsam, dann immer stärker; im Jahr 1991
kamen bereits 37 lebende Jungtiere zur Welt (Abb. 42).
Alle Zoogorillas sind in einem internationalen Gorilla-
zuchtbuch registriert (Kirchshofer 1992).

Da Gorillas sehr empfindlich auf ihre Umwelt reagieren, gibt es bei der Jungenaufzucht in Gefangenschaft
häufig Probleme. Nicht selten lehnen die Mütter ihre
Jungtiere völlig ab, lassen sie nicht trinken oder mißhan
deln sie (Abb. 43). In solchen Fällen werden die Kleinen
mit der Flasche handaufgezogen. Bei dieser Handauf-
zucht durch menschliche Ersatzmütter haben sie jedoch
tagsüber wesentlich weniger Körperkontakt als bei der

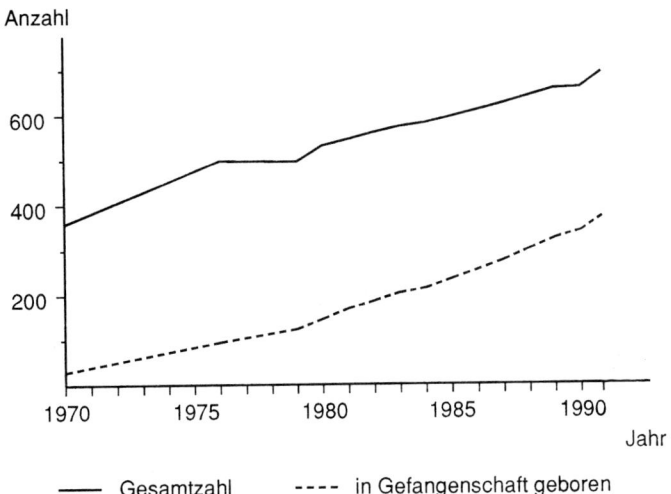

Abb. 41. Anzahl in Gefangenschaft lebender Gorillas nach dem Internationalen Gorilla-Zuchtbuch.

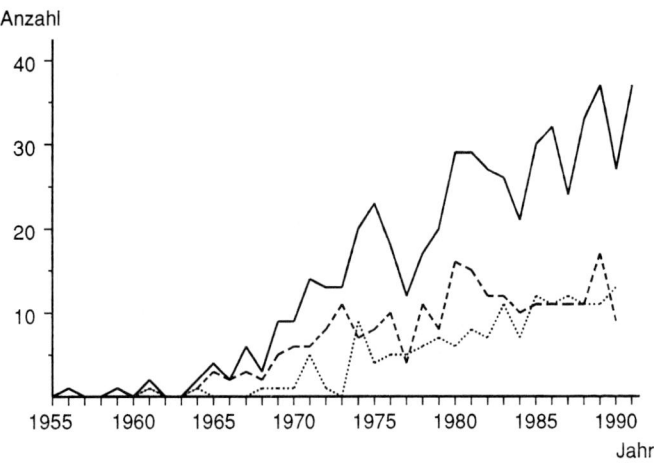

Abb. 42. Anzahl der Gorillageburten sowie Art der Aufzucht am Ende des 1. Lebensjahres.

Abb. 43. Grobe
Behandlung eines Jung-
tieres im Zoo durch sei-
ne Mutter.

natürlichen Aufzucht, und in der Nacht, wenn Gorillakinder sich eng an ihre Mutter schmiegen, liegen sie in
der Regel allein. Dieser Mangel an Kontakt in den ersten
Lebensjahren, vor allem mit Artgenossen, kann zu Verhaltensstörungen führen. Die Jungtiere entwickeln oft
stereotype und andere abnormale Verhaltensweisen wie
Fingerlutschen, rhythmisches Schaukeln oder zielloses
Herumrutschen auf dem Boden. Manche Tiere behalten
diese Eigenheiten auch als Erwachsene bei, doch treten
sie dann meist nur unter extremem Streß in Erscheinung.
Unter natürlichen Bedingungen wurden Stereotypien noch
nie beobachtet. Daß manche Zoogorillas sie entwickeln,
dürfte an mangelndem Sozialkontakt, zu kurzen Fütte-
rungen und mangelnder Bewegung liegen (Meder 1987).

Schlimmer noch als die oben beschriebenen Verhaltensstörungen sind allerdings die großen Probleme, die viele handaufgezogene Tiere im Umgang mit anderen Gorillas haben. Sie sind im Mittel wesentlich aggressiver als mutteraufgezogene Artgenossen, da ihre Verhaltensweisen nie durch ältere Gorillas in die richtigen Bahnen gelenkt wurden. Damit sie solche notwendigen Erfahrungen machen können, werden sie heute in vielen Zoos möglichst frühzeitig in intakte Gruppen eingewöhnt. Je frühzeitiger solche Eingewöhnungen erfolgen und je besser sie geplant werden, desto schneller leben sich die Jungtiere in der neuen Umgebung ein. In jedem Fall ist es ein Vorteil, wenn sie in einer Gruppe mit gleichaltrigen Artgenossen aufwachsen (Meder 1989, 1990a).

Viele handaufgezogene Gorillas pflanzen sich in Gefangenschaft fort und ziehen Jungtiere erfolgreich auf, doch häufig wirken sich die Schäden, die durch den mangelnden Kontakt mit Artgenossen in ihrer Jugend entstanden, auch noch bei erwachsenen Tieren aus. Frauen, die von Menschen aufgezogen wurden, pflanzen sich seltener fort als Mutteraufgezogene, und wenn sie Junge zur Welt bringen, lehnen sie diese häufiger ab. Männliche Gorillas, die als Jungtiere keine passenden Sozialpartner hatten, zeigen ebenfalls oft Spätfolgen der unnatürlichen Aufzucht. Sie werden beispielsweise von brünstigen Frauen erregt, versuchen jedoch nicht, sich mit ihnen zu paaren (Meder 1990c).

Nach einer Untersuchung von 1980 waren auch viele der Gorillamänner in Gefangenschaft, die sich regelmäßig mit Frauen paarten, unfruchtbar. Dies galt sowohl für solche Tiere, die in Zoos zur Welt gekommen waren, als auch für Wildfänge. Sie zeugten etwa bis zu ihrem 15. Lebensjahr erfolgreich Nachwuchs, und danach wurden viele von ihnen langsam steril, obwohl freilebende Gorillamänner in diesem Alter erst mit der Fortpflanzung beginnen. Die abnehmende Spermabildung könnte eine Folge von Streß sein, aber teilweise auch soziale Ursachen haben, da die Tiere damals meist unter sozialen Bedingungen gehalten wurden, die nicht den natürlichen Verhältnissen entsprachen: in Paaren, die sich seit ihrer Kindheit kannten (Beck 1982).

Um Tiere zur Fortpflanzung zu bringen, die zusammenleben, aber sich sexuell nicht füreinander interessieren, wird gelegentlich künstliche Besamung eingesetzt (Douglass 1981). Gewöhnlich versuchen die Zoos jedoch, den Tieren eine Fortpflanzung auf natürliche Weise zu ermöglichen, indem sie harmonische soziale Beziehungen herstellen. Die Paarhaltung wurde inzwischen von den meisten Zoos zugunsten einer Haltung in Haremsgruppen aufgegeben. Auch in anderer Hinsicht werden die Ergebnisse von Freilandstudien immer stärker berücksichtigt, beispielsweise indem die häufig beobachteten Gruppenwechsel junger weiblicher Tiere nachgeahmt werden. Sie können allerdings im Zoo meist nicht freiwillig erfolgen, da die Haltungsbedingungen dies nicht gestatten. Dennoch kann es vorkommen, daß eine Frau auch in Gefangenschaft ihren Partner bzw. ihre Gruppe selbst wählt. Dies geschah im Zoo von Los Angeles, wo eine Gorillafrau ihr Gehege verließ, das unzureichend abgesichert war, und sich einer anderen Gruppe im Nachbargehege anschloß.

Unermüdlicher Einsatz regionaler und internationaler Koordinatoren ist notwendig, um durch Zusammenarbeit in der Gorillazucht optimale Lösungen zu finden. Heute werden Gorillas meist nicht mehr verkauft, sondern ausgetauscht, um gleichzeitig 2 Tieren, die bisher unter unvorteilhaften sozialen Verhältnissen gelebt hatten, einen neuen Anfang zu ermöglichen.

Lebensraum Zoo

Während die Sozialstruktur freilebender Gorillas im Zoo weitgehend nachgebildet werden kann, trifft das für ihren Lebensraum nur sehr eingeschränkt zu. Der Raum, der ihnen in Gefangenschaft zur Verfügung steht, ist im Vergleich zu Freilandbedingungen äußerst begrenzt, so daß die Tiere nur selten dieselben Abstände zu anderen Gruppenmitgliedern einhalten können wie unter natürlichen Bedingungen (Abb. 44). Außerdem können nur sehr

a

b

Abb. 44. Gitterkäfige für Gorillas, **a** traditionell (Ost-Berlin 1989; Haus inzwischen geschlossen) und **b** modern (Columbus, USA).

Abb. 45. Gorillagruppe auf der 2 ha großen Insel in Apeldoorn.

robuste Pflanzen in Gorillagehegen wachsen, da die Tiere Pflanzenfresser sind. Bäume müssen in der Regel durch Elektrodraht oder Hüllen geschützt werden (Abb. 45).

Die Unterschiede zwischen den Verhältnissen im Freiland und im Zoo sind allerdings noch wesentlich vielfältiger. Im Regenwald sind Gorillas meist nicht im Blickfeld anderer Gruppenmitglieder, während sie in vielen Zoos ständig Sichtkontakt mit den übrigen Tieren haben. Doch auch in der stabilsten freilebenden Gorillagruppe gibt es immer wieder Tiere, die sich über einen längeren Zeitraum von den anderen entfernt halten; bei Berggorillas wandern z. B. schwangere oder rangniedere Frauen oft mehr als 30 m von der übrigen Gruppe entfernt (Fossey 1983). Dasselbe gilt für heranwachsende Männer, deren Beziehung zum Gruppenleiter gespannt ist.

Unter Zoobedingungen haben diese Tiere nur dann eine Möglichkeit, sich abzusondern, wenn das Gehege in mehrere Räume aufgeteilt ist oder Schlafkäfige zugänglich sind. Eine anderer Art, den Gorillas in Zoos zumindest eine optische Trennung von anderen Gruppenmitgliedern zu ermöglichen, ist die Strukturierung des Geheges mit Hügeln, Trennwänden und ähnlichen

167

Sichtbarrieren, hinter denen sie ruhen und an die sie sich gleichzeitig anlehnen können. Auch die Möglichkeit, sich auf Klettereinrichtungen oder Liegeflächen über dem Boden aufzuhalten, bietet eine wichtige Bereicherung, die Frauen und Jungtiere oft nutzen (Meder 1992a).

Obwohl Gorillas in Zoos häufig in der Nähe von Besuchern ruhen und diese zeitweise sogar als willkommene Abwechslung begrüßen, können Menschen auch zu Streß führen. Dies trifft vor allem in Gehegen zu, bei denen Menschen und Tiere nicht durch eine Glasscheibe getrennt sind. Lärm und Gerüche gelangen ständig zu den Gorillas und manche Besucher werfen trotz der fast überall geltenden Verbote Nahrung und andere Gegenstände in das Gehege. Häufig reagieren die Gorillas darauf durch Werfen von Kot und verschiedenen Objekten in den Besucherraum – meist in deutlich aggressiver Stimmung. Glasscheiben stellen dagegen eine wirksame Barriere dar und vermindern den negativen Einfluß der Zoobesucher erheblich. Subtiler sind die Folgen der Trennung von den Besuchern, die Miller-Schroeder u. Paterson (1989) feststellten: Nach ihren Untersuchungen pflanzen sich Gorillas in Gehegen mit Scheiben erfolgreicher fort als in solchen, die von den Besuchern durch einen Graben getrennt sind.

Da die Haltung von Gorillas in Gefangenschaft aus der Sicht des Artenschutzes nur dann gerechtfertigt ist, wenn ihnen bestmögliche Lebensbedingungen geboten werden, müssen solche Faktoren noch stärker berücksichtigt werden. Von den Ergebnissen jahrzehntelanger Freilandforschung können die Zoos auch in dieser Beziehung sehr viel lernen. Noch allzu oft richten sich die Manager und die Planer neuer Gehege jedoch nach den Erwartungen und den ästhetischen Vorstellungen der Zoobesucher, die nicht unbedingt mit den Bedürfnissen der Tiere übereinstimmen.

7 Einflüsse des Menschen auf die Gorillabestände

Nach der Roten Liste der IUCN (1988) gehören Gorillas zu den bedrohten Primaten. Die Unterarten Berggorilla *(Gorilla gorilla beringei)* und Grauergorilla *(Gorilla gorilla graueri)* fallen in die höchste Kategorie, sind also vom Aussterben bedroht, wenn keine wirksamen Maßnahmen ergriffen werden; die Unterart Flachlandgorilla *(Gorilla gorilla gorilla)* gilt dagegen noch nicht als unmittelbar bedroht.

Da Gorillas sehr sensibel auf Veränderungen in ihrer Umgebung reagieren, kann schon allein die ständige Anwesenheit von Menschen in ihrem Lebensraum eine Bedrohung darstellen. Auch Gebiete, in denen Vieh gegrast hat, meiden Gorillas (Fossey u. Harcourt 1977). Selbst in Schutzgebieten wie den Virunga-Vulkanen leben die Tiere nicht ungestört: Viehhirten mit ihren Herden, Holzfäller, Gras- und Honigsammler, Wasserholer, Schmuggler und Wilderer dringen trotz strengen Verbots in die Nationalparks ein (Groom 1973; Goodall u. Groves 1977). In der Republik Kongo, in Uganda und Zaire kommt die Ausbeutung von Bodenschätzen und Ölquellen im Gorillagebiet als Störung hinzu (z. B. Oko 1991).

Wilderer, die häufig auch in Nationalparks jagen, legen Fallen aus, insbesondere Drahtschlingen, um damit Ducker zu fangen (Abb. 46). In diese Fallen geraten

Abb. 46. Wilderer mit einer gefangenen Antilope und Drahtschlingen im Mgahinga-Nationalpark (Virunga-Vulkane).

jedoch gelegentlich auch Gorillas, denen es häufig nicht gelingt, die Schlinge, die sich immer weiter zuzieht, zu entfernen; dann können sie die Hand oder den Fuß verlieren oder sogar durch Wundbrand sterben. Von 88 Gorillas der Virunga-Vulkane fehlten bei einer Bestandsaufnahme 6 Tieren eine Hand oder ein Fuß, mit großer Wahrscheinlichkeit deshalb, weil sie in eine solche Falle geraten waren. Bei Gruppen, die an Menschen gewöhnt waren, gelang es Tierärzten bereits mehrfach, die Tiere zu betäuben und die Schlingen zu entfernen (Aveling u. Harcourt 1984; Foster 1992).

Abgesehen von der Bejagung gab es bis in die 70er Jahre eine weitere große Bedrohung, der viele tausend Gorillas zum Opfer gefallen sein dürften: das Einfangen lebender Jungtiere. Diese Form des Handels schädigte die Gorillabestände in manchen Gebieten sogar nachhaltiger als die Jagd, weil in der Regel mehrere Gruppenmitglieder getötet wurden, um ein einziges Junges zu fangen. Schäfer (1960) berichtet von einem Fall, bei dem 70 Grauergorillas ums Leben kamen, damit ein weibliches Jungtier für einen amerikanischen Zoo gefangen werden konnte. Nach der Aufnahme des Gorillas in den Anhang I des Washingtoner Artenschutzübereinkommens sank der Bedarf an solcher »Handelsware«, doch auch heute kommen gelegentlich noch lebende Gorillakinder in den Handel, häufig im Auftrag von Ausländern (Jones u. Sabater Pí 1971; Anon. 1991a).

Der im Herbst 1990 ausgebrochene Bürgerkrieg in Ruanda beeinflußte auch die dortige Berggorillapopulation; allein die Störung durch Gefechtslärm dürfte sich auf die sensiblen Tiere auf lange Sicht negativ auswirken. Außerdem wurde im ruandischen Vulkan-Nationalpark wegen der zeitweisen Einstellung der Patrouillen wieder eine zunehmende Aktivität von Wilderern verzeichnet, die auch für Gorillas eine Gefahr darstellten. Sie legten eine große Zahl von Schlingenfallen, in die mehrere Gorillas gerieten. Ende 1991 starb ein Gorillakind, nachdem es sich in einer Drahtschlinge gefangen hatte. Im Mai 1992 schließlich war das erste direkte Opfer dieses Krieges zu beklagen – ein Silberrückenmann, der in seinem Schlafnest mit einem Maschinengewehr erschossen worden war (Robbins 1992a).

Im Sommer 1992 wurde der Bürgerkrieg beendet, doch die Unruhen flammten nach wenigen Monaten, im Februar 1993, wieder auf. Selbst wenn diese Auseinandersetzungen bald beendet werden sollten, sind die Gefahren nicht gebannt; der Boden des Bergwaldes in den Virunga-Vulkanen enthält noch zahlreiche Tretminen, durch die schon mehrere Menschen verletzt wurden. Von

Gorillas können die Minen ebenso ausgelöst werden und stellen deshalb auch für die Tiere eine Bedrohung dar.

Beute für Jäger

Die Bestände der Berggorillas, in denen fast jedes Tier persönlich bekannt ist, sind heute durch direkte Jagd nicht mehr bedroht. Seit den letzten beiden Fällen im Jahr 1983 wurde in den Virunga-Vulkanen bis Mai 1992, als ein Silberrückenmann im Bürgerkrieg starb, kein Tier getötet. In den 70er Jahren jedoch fielen dort noch mehrere Gorillas Wilderern zum Opfer und ihre Köpfe wurden an Ausländer verkauft (Anon. 1989; Fossey 1983; Harcourt u. Curry-Lindahl 1978).

Um so stärker ist der Jagddruck bei Grauer- und Flachlandgorillas. Sie werden noch immer von der örtlichen Bevölkerung zum Verzehr getötet, auch wenn dies gesetzlich verboten ist. Jedes Jahr sollen allein in Kongo 400–600 Gorillas aus diesem Grund sterben (Linden u. Nichols 1992). Für einige Völker wie die Azande in Zaire, ist es tabu, Gorillas zu töten, doch vielerorts gilt Gorillafleisch als besonders delikat. Während die Fang in Río Muni beispielsweise Schimpansen von der Jagd ausnehmen, da sie den Menschen zu ähnlich sind, schonen sie Gorillas nicht. Sie jagen diese aber vor allem zur Herstellung von Fetischen und verzehren nur ganz bestimmte Körperteile (Cousins 1983; Sabater Pí u. Groves 1972). Nach Jorge Sabater Pí (1981) verwendeten die Fang Ende der 60er Jahre zur Jagd vorwiegend Drahtschlingen und töteten damit jährlich rund 50 Gorillas.

Für Grauergorillas stellt die Jagd sogar eine größere Bedrohung dar als die Vernichtung der Wälder. Gorillas werden ebenso wie andere Wildtiere im Bereich des Kahuzi-Biega-Nationalparks in Ostzaire mit verschiedenen Methoden gejagt: mit großen Netzen, in die sie von mehreren Jägern und Hunden getrieben werden, mit verschiedensten Fallen oder mit dem Gewehr. Die letztere Jagdweise benutzen die Jäger fast ausschließlich für Fleisch, das sie weiterverkaufen.

In Kamerun machen die Gorillas den Menschen die Jagd besonders leicht, da sie häufig auf Waldwegen wandern. In manchen Teilen des Verbreitungsgebiets der Flachlandgorillas gibt es sogar professionelle, mit Gewehren ausgerüstete Jäger, die von lokalen Machthabern angeworben werden und das Fleisch der gewilderten Tiere in Großstädten zum Verkauf anbieten, darunter auch das von Gorillas. Besonders gefährdet war das Überleben der Flachlandgorillas nach Berichten von Harcourt et al. (1989) Ende der 70er Jahre in Nigeria: Gorillas lebten nur noch auf 0,1 % der Fläche des Landes in 3–5 isolierten Populationen mit insgesamt 100–300 Tieren. Dort kamen jährlich schätzungsweise nur noch 10 Gorillas zur Welt, während 15 von Jägern getötet wurden. Um diese Gorillas zu erhaltcn, verstärkte die Regierung Ende der 80er Jahre die Schutzmaßnahmen und daraufhin nahm die Jagd deutlich ab; 1991 wurde schließlich ein Nationalpark eingerichtet (Bützler 1980; Oates et al. 1990).

Mancherorts werden daneben Fetische aus Gorillas hergestellt; Groom (1973) berichtete, daß in den Virunga-Vulkanen 1971 bei einem getöteten Silberrückenmann Ohren, Zunge, Genitalien und die letzten Glieder der kleinen Finger verschwanden, mit größter Wahrscheinlichkeit zu solchen Zwecken. Fay (1991) und Linden u. Nichols (1992) stellten fest, daß in Brazzaville auch in jüngster Zeit noch auf dem Markt Gorillahände verkauft wurden, da nach einem örtlichen Aberglauben Menschensäuglinge, die im Sud gekochter Gorillafinger gebadet werden, die Kraft der Tiere erhalten sollen.

Flachland- und Grauergorillas werden von den einheimischen Jägern und Ackerbauern außerdem häufig getötet, weil sie ihre Felder verwüsten. Da die Tiere das Mark der Bananenstauden sehr gern fressen, zerstören sie die ganzen Pflanzen, und eine Gorillagruppe kann auf diese Weise eine ganze Ernte vernichten. Diese Schäden nehmen viele Bauern im Osten Zaires zum Anlaß, die Menschenaffen zu »vertreiben«, d. h. ganze Gorillagruppen zu töten. Häufig geben lokale Regierungsvertreter ihnen dazu eine »offizielle« Genehmigung, obwohl sie dazu kein Recht haben (Baumgärtel 1960; Hall u. Wathaut 1992; Harcourt u. Stewart 1980; Jones u. Sabater Pí 1971). In Kamerun legitimierten die zuständigen Behörden in den 70er Jahren hiermit sogar Safaris ausländischer Touristen, die Gorillas legal schießen konnten (Bützler 1980).

Waisen

Bei der Jagd auf Gorillas werden oft Mütter getötet, deren Säuglinge sich an die Körper der Toten klammern. Die Jäger nehmen sie manchmal mit und halten sie unter erbärmlichen Bedingungen, so daß sie meist bald eingehen. Solcher Waisen nahm sich in der kongolesischen Hauptstadt Brazzaville Yvette Leroy an. Die sehr geschwächten und kranken Tiere starben zwar zum Großteil nach kurzer Zeit, doch einige Tiere überlebten; sie kamen zum Teil in den englischen Zoo Howletts. Inzwischen wurde von diesem Zoo, der die Pflege der Waisen in Brazzaville vor einigen Jahren übernommen hat, eine Aufzuchtstation eingerichtet. Von 1982 bis 1990 kamen 53 kleine Gorillas dorthin. Da sich die personelle Ausstattung und die finanziellen Mittel nun be-

174

trächtlich verbessert haben, sind die Überlebenschancen der Tiere stark gestiegen (Anon. 1991a).

Obwohl die Waisen sterben, wenn sie nicht in die Station kommen, ist es nicht auszuschließen, daß diese Haltungsmöglichkeit die Jagd fördert, denn gelegentlich erhalten die Jäger Geld von Ausländern, die ihnen die Tiere abnehmen (Aspinall 1987).

Die Waisenstation in Brazzaville wurde auch mit dem Ziel gebaut, die Gorillas nach und nach wieder in die Freiheit zu entlassen. Eine solche Auswilderung wirft aber große Probleme auf. Zunächst muß vor allem ein passendes Gebiet gefunden werden, das möglichst wenig von Menschen beeinflußt ist und in dem sehr wenige Gorillas vorkommen. Da aber der Lebensraum dieser Tiere ständig kleiner wird und die Gruppen deshalb enger zusammenrücken müssen, gibt es solche Areale kaum. Für die Auswilderung der Waisen in Kongo wurde ein Gebiet ins Auge gefaßt, in dem noch vor einigen Jahrzehnten Gorillas gelebt haben sollen. Die Vorbereitungen für dieses Projekt, das ein Wissenschaftlcr betreut, laufen bereits; cs wird beginnen, sobald die Genehmigung der Regierung und die Zustimmung der Bevölkerung in dieser Region eingeholt sind.

Das nächste Problem stellt die tatsächliche Auswilderung dar, bei der die Tiere sich an ihr neues Leben gewöhnen müssen. Um diese Gewöhnung zu erleichtern, werden die Jungtiere der Aufzuchtstation in Brazzaville schon seit 1991 täglich in den Wald geführt und mit den dortigen Pflanzen und Tieren vertraut gemacht. Sie sollen, sobald sie weiter herangewachsen sind, als Gruppen dort leben. Da aber jede natürliche Gorillagruppe einen Silberrückenmann enthält, läßt sich nicht vorhersagen, ob diese Verbände ohne die arttypische Struktur existieren können. Alexander Harcourt (1989) nimmt an, daß einzelne Gorillas in stabile freilebende Gruppen eingegliedert werden könnten, wobei Subadulte und erwachsene Frauen die besten Kandidaten für einen solchen Versuch wären. Bei erwachsenen Männern und noch nicht entwöhnten Jungtieren sind die Aussichten für ein Überleben dagegen sehr gering.

Bisher wurde 2mal versucht, Gorillas auszuwildern, wobei es sich in beiden Fällen um junge Berggorillas handelte, die zu freilebenden Gruppen gebracht wurden. Die 3–4 Jahre alte Bonne Année, die für einen reichen Europäer gefangen worden war, und der 2jährige Sabyinyo. Nachdem Dian Fossey die völlig geschwächte Bonne Année aufgepäppelt hatte, versuchte sie zunächst, das Tier in eine etablierte Gruppe einzugewöhnen. Dieser Versuch mißlang, da mehrere Frauen und ein junger Mann das fremde Jungtier mit unerwarteter Härte angriffen. Erfolgreicher verlief die Eingewöhnung in eine Männergruppe, in der es keine engen verwandtschaftlichen Bindungen und keine Clans gab. Leider starb Bonne Année, bald nachdem sie sich in dieser Gruppe eingelebt hatte, an einer Lungenentzündung (Fossey 1983). Ähnlich erging es Sabyinyo, der trotz der Aggressionen des Silberrückenmannes von einer Gruppe – auch hier einer Männergruppe – akzeptiert wurde. Er verlor bald seine Scheu, starb jedoch nach einiger Zeit, vermutlich an einer Pilzvergiftung (Condiotti 1984).

Wenn in einem Gebiet, in dem Gorillas ausgewildert werden sollen, bereits Artgenossen leben, besteht bei jeder Einführung eines fremden Tieres die Gefahr, daß es Krankheiten einschleppt und daß die maximale Populationsdichte überschritten wird. Diese Probleme tauchten bereits bei Auswilderungsversuchen auf, die mit Orang-Utans und Schimpansen unternommen wurden (Aveling u. Mitchell 1982; Hannah u. McGrew 1991).

Um eine Konfrontation mit fremden Artgenossen zu vermeiden, die mit großer Wahrscheinlichkeit zur Verdrängung oder gar Vernichtung der ausgewilderten Tiere führen würde, ist die Auswilderung auf einer Insel die einfachste Methode. Bereits in den 60er Jahren wurden Schimpansen aus europäischen Zoos auf einer Insel im Viktoria-See ausgesetzt. Borner (1985) kam aber in seiner Rückschau auf dieses Projekt zu dem Ergebnis, daß der Aufwand, der für die Auswilderung von Schimpansen getrieben werden mußte, in keinem Verhältnis zum Erfolg stand. In jedem Fall sollten Bemühungen, den natürlichen Lebensraum zu erhalten, im Vordergrund stehen.

Zerstörung der afrikanischen Wälder

Ein weiteres Problem, das nicht nur die Gorillas betrifft, ist die fortschreitende Zerstörung ihres Lebensraumes. Schon 1959 beobachteten Emlen u. Schaller (1960) diese Bedrohung bei östlichen Gorillas und bezeichneten die Situation als sehr kritisch. Wälder wurden und werden weiterhin gerodet, um Landwirtschaftsflächen anzulegen, und Holzfirmen schlagen Edelhölzer ein, deren Verkauf den afrikanischen Ländern Devisen bringt. Solche forstliche Waldnutzung wird vielfach von internationalen Organisationen wie der Weltbank gefördert. Doch selbst bei selektivem Holzeinschlag, der nur wirtschaftlich besonders wertvolle Stämme aus dem Wald holt, leidet das ökologische Gleichgewicht, und die im Wald entstehenden Lücken sind zu groß, als daß sie sich durch natürliche Regeneration schließen könnten (Tabor et al. 1990).

Der selektive Holzeinschlag beeinflußt das Leben der Gorillas, beispielsweise in Gabun, auch unmittelbar: Die Rinde der Afrikanischen Eiche, die das Holz Iroko liefert, bildet für die Tiere einen wichtigen Bestandteil der

Nahrung in der Trockenzeit. Werden alle Bäume dieser Art aus dem Wald entfernt, kann dies die Tiere zur Umstellung ihrer Nahrung zwingen. Ob sie dazu fähig sind, weiß allerdings niemand.

Daneben erleichtert der Bau von Straßen zum Transport der Stämme die Besiedlung des angrenzenden Landes durch Menschen, die wiederum verstärkte Jagd zur Versorgung der Arbeiter und Brandrodung für den Ackerbau nach sich zieht (Bützler 1980; Tutin u. Fernandez 1991b). Sogar vor Schutzgebieten macht der Holzeinschlag nicht halt; selbst im Lopé-Schutzgebiet in Gabun steigt er immer weiter. Ende 1990 konnten in diesem Gebiet nur noch rund 1500 der 5000 km^2 des Waldes als Primärwald bezeichnet werden. Die Abholzung ihrer Wälder zwingt die Gorillas außerdem dazu, auf andere Nahrungsquellen auszuweichen, so daß die gelegentlichen Plünderungen von Feldern durch Gorillas zum Teil auch auf die Waldzerstörung zurückgeführt werden können (Sabater Pí 1977).

Abholzung führt zur Isolation einzelner kleiner Wälder, die die Tiere nicht mehr verlassen können, da es keinen passenden Lebensraum in der Nähe gibt. Dadurch wächst die Inzuchtgefahr. Dian Fossey vermutete, daß es in den Virunga-Vulkanen bereits seit mehreren Jahrzehnten Inzuchterscheinungen gab, weil bei einigen Tieren Zehen und Finger miteinander verwachsen waren.

Indirekt können sogar Projekte, die den Schutz der Gorillas zum Ziel haben, die Zerstörung der Wälder fördern, indem sie Menschen in die ohnehin übervölkerten Gebiete ziehen. Dies gilt vor allem für Tourismusprojekte, bei denen sich die armen Landbewohner gute Verdienstmöglichkeiten versprechen. Sie erhöhen die Bevölkerungsdichte im Umfeld der Nationalparks und verstärken damit den Druck auf die Wälder. Um dies zu verhindern, befassen sich Schutzprojekte heute immer stärker mit den Problemen der Bevölkerung und versuchen, durch Aufklärung und praktische Hilfe weitere Rodungen zu verhindern.

Schutzmaßnahmen

In der 2. Hälfte des 19. Jahrhunderts und den ersten Jahrzehnten des 20. Jahrhunderts konzentrierten sich Afrikaforscher und Wissenschaftler bei der Erforschung der Gorillas auf das Sammeln von möglichst vielen Exemplaren für Museen und Zoos (C. Akeley 1932; Schouteden 1944). Doch Carl Akeley war schon früh bewußt, daß bei weiterer Verfolgung vor allem die Berggorillas bald vom Aussterben bedroht sein würden. Er forderte die Kolonialregierung des damaligen Belgisch-Kongo auf, ein Gorillareservat einzurichten. Schließlich gründete Prinz Albert im Jahr 1925 den Albert-Nationalpark (heute: Virunga-Nationalpark), der vor allem die Gorillas schützen sollte. Die Erforschung ihrer Lebensweise und ihres Verhaltens schien Akeley wichtiger als die Tötung weiterer Exemplare für ein Museum. Er trug dazu bei, indem er in seinen Büchern über ihre Lebensweise berichtete und 1921 den ersten Film über freilebende Gorillas drehte (M. Akeley 1932).

Flachlandgorilla

Das Verbreitungsgebiet dieser Unterart erstreckt sich über 6 oder 7 Staaten (Tabelle 14). Einige der Schutzgebiete in diesen Staaten stehen als Nationalparks unter strengem Schutz, doch in manchen Wildschutzgebieten ist die Waldnutzung in gewissen Grenzen erlaubt. Andere Flächen werden zwar mehr oder weniger gut bewacht, erfüllen aber nicht die Voraussetzungen eines Schutzgebiets nach IUCN-Standard; in der Regel liegen für diese Gebiete Anträge zur Erteilung des Nationalparkstatus bei den betreffenden Regierungen vor. In Nigeria wurde erst kürzlich für die dortige Gorillapopulation, die besonders weit vom übrigen Verbreitungsgebiet entfernt lebt, ein Nationalpark eingerichtet.

Grauergorilla

Nur im Osten Zaires kommt diese Unterart vor. 2 Nationalparks wurden unter anderem zum Schutz der Gorillas gegründet, der Kahuzi-Biega-Park und der Maiko-Park. Im ersteren arbeitet seit 1985 ein von der deutschen GTZ (Gesellschaft für technische Zusammenarbeit) geführtes Schutzprojekt für die Erhaltung der Gorillas, vor allem durch kontrollierten Tourismus. Der Bevölkerungsdruck ist in diesem fruchtbaren Gebiet sehr stark und eine intensive Kontrolle der Aktivitäten im Park so notwendig wie in den Virunga-Vulkanen. Der Maiko-Nationalpark dagegen leidet noch nicht unter Bevölkerungsdruck, doch im übrigen Verbreitungsgebiet der Grauergorillas sind die Tiere durch Jagd und Waldzerstörung stark bedroht.

Berggorilla

Berggorillas leben einerseits auf den Virunga-Vulkanen, andererseits im Bwindi-Impenetrable-Nationalpark in Südwest-Uganda. Die Virunga-Vulkane liegen am Dreiländereck Zaire-Ruanda-Uganda, und in allen 3 Staaten sind die Gebiete, in denen Berggorillas vorkommen, inzwischen zu Nationalparks erklärt worden. We-

Abb. 47. Illegal bebautes Land im Mgahinga-Nationalpark.

gen der hohen Bodenfruchtbarkeit ist das Umland der Vulkane die am dichtesten besiedelte Region Afrikas. Folglich herrscht sehr starker Bevölkerungsdruck und damit besteht die Gefahr, daß der Wald der Vulkane nach und nach ganz abgeholzt wird (Abb. 47). In Ruanda wurde zwischen 1968 und 1978 rund die Hälfte der damaligen Nationalparkfläche in Pyrethrum-Felder verwandelt. Wäre nicht ein Schutzprojekt ins Leben gerufen worden, so hätte sich dieser Prozeß ungehindert fortgesetzt (Wilson 1984).

Zu den Zielen der in den Virunga-Bergen angesiedelten Schutzprojekte gehörte es nicht zuletzt, den Bauern klarzumachen, daß der Wald für die Wasserversorgung der Bevölkerung lebensnotwendig ist und seine Rodung langfristig das Land unfruchtbar macht. Obwohl der Virunga-Wald beispielsweise nur 0,5 % der Landesfläche Ruandas ausmacht, fallen dort 10 % des Regens. Die Vegetation nimmt das wertvolle Wasser wie ein Schwamm auf, hält es fest und speist in der Trockenzeit

Abb. 48. Wildhüter des Mgahinga-Nationalparks in Uganda mit konfiszierten Schlingen.

Wasserläufe damit. Ohne den Wald würden die Wassermassen dagegen größtenteils abfließen und den fruchtbaren Boden wegspülen.

Aber auch als den Rodungen in den Virunga-Vulkanen Einhalt geboten wurde, nutzten die Menschen aus der Umgebung die dortigen Nationalparks weiterhin, um Wasser zu holen oder Schlingenfallen für Ducker und andere Wildtiere zu legen (Abb. 48). Trafen solche Wilderer zufällig auf eine Gorillagruppe, konnte es zu gefährlichen Zwischenfällen kommen. Noch Ende der 70er Jahre verloren in Ruanda mehrere Gorillas ihr Leben, als sie ihre Gruppen gegen Wilderer zu schützen versuchten, die ihnen auf der Suche nach Duckern und Antilopen begegneten. Daraufhin rief Dian Fossey 1978 den Digit Fund (heute: Dian Fossey Gorilla Fund) ins Leben, der mit Spendengeldern die Durchführung effektiver Patrouillen im Vulkan-Nationalpark in Ruanda finanzierte. Sie stellte allerdings auch fest, wie wichtig eine genaue Überwachung solcher Spenden ist, damit nicht ein

Großteil verschwindet, bevor er für den gewünschten Zweck eingesetzt wird.

Für effektiven Gorillaschutz genügt es also nicht, gefährdete Gebiete zu Nationalparks zu erklären, sondern man muß mit der ortsansässigen Bevölkerung zusammenarbeiten und ihre Unterstützung gewinnen. Entgegen einer häufig geäußerten Ansicht fanden Harcourt et al. (1986a) bei einer Umfrage bei der einheimischen Bevölkerung, daß den Menschen die Erhaltung der Wälder und ihrer Tierwelt nicht gleichgültig ist. Ihre eigenen unmittelbaren Bedürfnisse stehen allerdings über denen der Tiere, so daß sich Naturschutz sehr schwer durchsetzen läßt, wenn die Menschen Hunger leiden. Früher beschränkten sich die Schutzmaßnahmen häufig auf Strafverfahren, obwohl dies keinen dauerhaften Erfolg brachte. Naturschutz kann nur wirksam sein, wenn sowohl die Bedürfnisse der Menschen als auch die aller anderen Lebewesen berücksichtigt werden.

Tourismus als Überlebenssicherung?

In den Nationalparks der Virunga-Vulkane in Ruanda versuchte seit 1978 bis zum Ausbruch des Bürgerkrieges im Jahr 1990 das Mountain Gorilla Project, den wirksamen Schutz der Tiere und ihrer natürlichen Umgebung mit Hilfe des kontrollierten Tourismus zu gewährleisten. Dasselbe Ziel verfolgte im Virunga-Nationalpark Zaires von 1984 bis 1989 ein Gemeinschaftsprojekt der Frankfurter Zoologischen Gesellschaft und des WWF (Aveling u. Aveling 1989).

Neben dem Kampf gegen Wilderer, Viehhirten und Schmuggler, die den Wald illegal betraten, versuchten die Schutzprojekte die Einnahmen der Reservate zu erhöhen und damit bei den Behörden vor Ort die Erhaltung der Gebiete auch aus wirtschaftlichen Gründen zu rechtfertigen. Hierfür eignete sich der Tourismus ausgezeichnet; schon in den 50er Jahren hatte er in den Virunga-Vulkanen mit Walter Baumgärtel begonnen (Baumgärtel 1960, 1977), im Kahuzi-Biega-Park 1965 mit Adrian Deschrijver (Yamagiwa 1983). Baumgärtel, der von 1955 bis 1969 in Kisoro (Uganda) das Hotel »Travellers Rest« führte, versuchte zunächst, die Tiere mit verschiedenen Nahrungsmitteln und mit Salz anzulocken, was aber mißlang. Dann ging er dazu über, sich den Menschenaffen heimlich und unbemerkt zu nähern. Heute verläuft eine Gorillatour anders. Die Führer verhalten sich so, daß die Tiere die herannahenden Menschen frühzeitig wahrnehmen und ihnen ausweichen können, falls sie keine Begegnung wünschen.

Bei einem gut organisierten Gorillabesuch herrschen strenge Regeln. Die Tiere dürfen nicht bedroht oder überrascht werden und die Menschen müssen einen gewissen Abstand zu den Tieren einhalten und den Anweisungen der Führer Folge leisten. Nur eine unauffällige, geduckte und zurückhaltende Annäherung wird von den Tieren geduldet.

Kritische Situationen ergeben sich, wenn Gorillas, die nicht an Menschen gewöhnt sind, sich plötzlich mit einer größeren Menschengruppe konfrontiert sehen. Amy Vedder (1989) berichtet von einer solchen Begegnung in den Virunga-Vulkanen. Ihr Mann Bill Weber führte dabei eine übergroße Touristengruppe (16 Personen) und wurde von einem überraschten Gorillamann angegriffen. Weber erlitt mehrere Rippenbrüche und trug Bißwunden im Nacken davon. Ein ähnlicher Zwischenfall ereignete sich im Impenetrable Forest, als eine Besucher- und eine Gorillagruppe sich wegen der dichten Vegetation nicht rechtzeitig wahrnehmen konnten und der Silberrückenmann einen Menschen ins Bein biß (Butynski 1989).

Bei allen Gorilla-Unterarten gibt es in bestimmten Gebieten bereits die Möglichkeit, eine solche Führung mitzuerleben. In jedem dieser Tourismusprojekte stand – zumindest ursprünglich – der Schutz der Tiere und ihres Lebensraums im Vordergrund. Auch Naturschützer stimmten schließlich der Einführung des »Gorillatourismus« zu, um ihn als Mittel zu diesem Zweck einzusetzen. Regierungen und Behörden förderten häufig die Einrichtung von Nationalparks in dichtbesiedelten Gebieten nur, wenn sich damit Gewinn erzielen ließ.

Daß der Tourismus ein äußerst lohnendes Geschäft sein kann, haben die Projekte der Virunga-Vulkane bewiesen. In Ruanda erreichten die Einnahmen aus dem Tourismus 1984 das 32fache des 1978 erwirtschafteten Betrags (Wilson 1987). Dank einer Erhöhung der Preise für Besuche bei den Gorillas bei einer steigenden Zahl von Interessenten blieb in Ruanda die Besucherzahl mehrere Jahre lang konstant, aber die Einnahmen erhöhten sich dennoch. 1988 beispielsweise betrug dort die Anzahl der »Gorillatouristen« 4623, von denen jeder für den Eintritt in den Park und die Besichtigung der Gorillas rund 150 $ bezahlen mußte (Anon. 1989). Im Virunga-Nationalpark in Zaire stieg die Besucherzahl von 45 im Jahr 1985 auf 3728 im Jahr 1990 (Anon. 1991b).

Während jedoch in Ruanda der Tourismus unter strenger Kontrolle blieb, übernahmen in Zaire geschäftstüchtige Privatleute den Großteil der angewöhnten Gorillagruppen, so daß auch die Einnahmen in ihre Taschen wanderten und staatliche Naturschutzstellen die Kontrolle über das Geschehen verloren (Kohnen u. Braun 1989). Daneben reduzierten die politischen Unruhen, die im Jahr 1990 in Ruanda und 1991 in Zaire ausbrachen, die Zahl der Touristen in beiden Ländern einerseits beträchtlich und förderten andererseits die »schwarzen« Gorillabesuche in einem kaum schätzbaren Ausmaß. Leider sind die wenigsten Touristen so vernünftig, freiwillig auf einen solchen Besuch zu verzichten, wenn sie vor Ort feststellen, daß alle Führungen ausgebucht sind. Für dieses Naturerlebnis bezahlen sie unglaublich hohe Summen, denen viele der Führer nicht widerstehen können.

Sofern der Tourismus geregelt verläuft – offiziell darf nur eine Touristengruppe von maximal 6 Personen (im Kahuzi-Biega-Park 8 Personen) täglich eine Gorillagruppe für 1 Stunde besuchen –, wird er auch von vielen Naturschützern akzeptiert. Bei den Berggorillas der Virunga-Vulkane enthielten Gorillagruppen, die täglich von Touristen oder Wissenschaftlern besucht wurden, 54 % bzw. 49 % Jungtiere, während es bei den unbewachten Gruppen nur 39 % waren. Dies gilt als positives Zeichen, denn je höher der Prozentsatz an Jungtieren liegt, desto gesünder ist die Population (Aveling u. Harcourt 1984; Wilson 1987).

Dennoch mehren sich die Anzeichen dafür, daß der Tourismus sich schädlich auf die Menschenaffen auswirkt. Eine ernstzunehmende Gefahr, die von Touristen ausgeht, ist die Ansteckung der Tiere mit menschlichen Krankheiten. Der erste Fall, bei dem freilebende Gorillas an einem Erreger erkrankten, der wahrscheinlich von Menschen übertragen worden war, ereignete sich 1988 in Ruanda (Sholley 1989). An einer Krankheit der Atemwege waren zu diesem Zeitpunkt bereits 6 Berggorillas gestorben, als man bei der Autopsie eines Tieres Masern nachwies. Daraufhin wurden die Gruppen, die regelmäßig in Kontakt mit Menschen kamen, mit Hilfe von Blasrohren erfolgreich gegen die Krankheit geimpft. Es kann jedoch nicht im Interesse der Gorillas und der Menschen liegen, daß die Tiere auf lange Sicht nur durch ständige medizinische Betreuung überleben können; jede

Situation, die dies notwendig macht, muß deshalb vermieden werden.

Dieses Ereignis bestätigte das Mißtrauen gegen den Tourismus, auch wenn er möglicherweise zur Erhaltung der Wälder und der Gorillas beigetragen hat. Regelmäßige Schätzungen der Bestandszahlen in den Virunga-Vulkanen lassen letzteres jedenfalls vermuten. 1986 verteilten sich die Virunga-Gorillas auf 29 Gruppen, von denen 16 täglich von Menschen überwacht wurden; während ihre Zahl vor dem Einsetzen des Tourismus in den Jahren 1971–1973 nur 261 betragen hatte, war sie 1989 auf etwa 324 angestiegen (Anon. 1991b; Wilson 1987).

Doch diese positive Entwicklung kann sich sicherlich nur fortsetzen, wenn der Tourismus unter der strengen Kontrolle der Naturschutzbehörden bleibt. Zu viele Besucher können Streß bei den Tieren hervorrufen und sie empfindlich stören. Aus Zaire wurde bereits mehrfach gemeldet, daß die Wildhüter bis zu 32 Personen gemeinsam bzw. 2 Touristengruppen am selben Tag zu einer Gorillagruppe führten. Daneben erlaubten die Führer den Besuchern, die Tiere zu berühren und in den Arm zu nehmen. Eine solche Praxis kann nicht nur Gefahren für Gorillas und Touristen bringen, sondern auch das Bild beeinflussen, das sich die betreffenden Menschen von freilebenden Menschenaffen machen – sie werden zu harmlosen Schoßtieren degradiert (Wrangham 1992).

Anhang: Tabellen

Tabelle 1. Durchschnittliche Maße und Gewichte erwachsener Männer der afrikanischen Menschenaffen im Freiland (Minimal- und Maximalwerte nach Bingham 1932, Coolidge 1936, Groves 1986).

| | Gorilla gorilla | | | Pan | |
	gorilla	graueri	beringei	troglodytes	paniscus
Körperlänge (cm)					
Groves (1986)	169,0	176,1	170,4	120,1	115,3
Dixson (1981)	168,5	175,0	172,5		
Minimum	146				
Maximum		196			
Armspannweite (cm)					
Groves (1986)	240,8	249,0	220,2	177,9	158,8
Dixson (1981)	233,7	259,5	227,5		
Minimum			200		
Maximum			276		
Brustumfang (cm)					
Groves (1986)	146,7	154,2	147,5		
Minimum	128				
Maximum		168			
Gewicht (kg)					
Groves (1986)	158,2	179,5	158,6	48,9	39,2
Dixson (1981)	139,4	163,4	155,5		
Minimum	130				
Maximum	260–267				

Tabelle 2. Populationsdichten.

Gebiet	Jahr	Tiere/km^2	Lebensraum	Quelle
Flachlandgorilla				
Rio Muni	67/68			Jones u. Sabater Pí (1971)
Mt. Alen		0,86		
Abumnzok-Añinzok		0,58		
Zentralafrikan. Rep.				
Südspitze	1986	1,6	(Gesamt)	Fay (1989)
Dzanga-Sangha	1986	0,89–1,45	Primärwald	Carroll (1988)
		0,19–0,27	Sekundärwald	
		0,08–2,08	Straße	
		4,18–10,96	Lichtungen	
		0,32–5,6	Waldrand	
		4,49	Sumpf	
		0,98	überflutet	
		3,74		
Kongo				
Norden		0,4	(Gesamt)	Fay u. Agnagna (1992)
		0,1–0,6	Terra firma	
		2,4	Sumpf	
Likouala	1989	1,14	(Gesamt)	Fay et al. (1989)
		2,6	Sumpf	

Tabelle 2. Fortsetzung.

Ndoki	1991	0,1	überflutet	Mitani (1992)
Gabun	1980	2,4–5,0	(Gesamt)	Tutin u. Fernandez (1984)
		0,18	Primärwald	
		0,23	überflutet	
		0,16	Sekundärwald	
		0,19–3,2		
Nigeria, Cross River	1990	0,5	Berge	Oates et al. (1990)
Grauergorilla				
Kahuzi-Biega, Berge	78/79	0,37[a]	Berge	Murnyak (1981)
Kahuzi-Biega, flach	1989	0,42	Merz (1991)	
Utu	1972	0,38		Goodall (zit. in Murnyak 1981)
Itebero-Utu	1987	0,27–0,33		Yamagiwa et al. (1989b)
Masisi	1987	0,83		Yamagiwa et al. (1989a, b)
Tshiaberimu	1959	0,54	Berge	Schaller (1963)
Berggorilla				
Virunga-Vulkane	59/60	1,12	(Gesamt)	Schaller (1963)
Sabinio-Muhavura		0,69		
Kabara		2,55		
Virunga-Vulkane		0,75		Harcourt et al. (1981a)
Impenetrable Forest	1959	0,57		Schaller (1963)

[a] Nur in Gebieten, in denen tatsächlich Gorillas vorkommen: 0,88

Tabelle 3. Bestandszahlen.

Staat, Gebiet	Jahr	Bestand	Quelle
Flachlandgorilla			
Nigeria	1990	70–150	Oates (1991)
Kamerun	1980	ca. 1500	IUCN (1988)
Río Muni		ca. 1500	IUCN (1988)
Kongo	1980	2000–3000	IUCN (1988)
Zentralafrikan. Rep., Sangha	1986	4806–7830	Carroll (1988)
Gabun	1980	28000–42000	Tutin u. Fernandez (1984)
Angola, Cabinda	1982	?	
Gesamtgebiet	1990	38000–56000	IUCN (1988)
Grauergorilla			
Mt. Tshiaberimu	1959	30–40	Schaller (1963)
Kahuzi-Biega Ostteil	1990	258	Yamagiwa (1991)
Kahuzi-Biega Westteil	1989	1700–2700	Merz (1991)
Gesamtgebiet	1988	ca. 4000	IUCN (1988)
Berggorilla			
Virungas	1989	324	Anon. (1991b)
Impenetrable Forest	1990	320	Butynski (1991)
Gesamtgebiet	1990	600–650	

Tabelle 4. Nahrungszusammensetzung bei verschiedenen Gorillapopulationen und den anderen Menschenaffen.

a Anteil an der Gesamtzahl der verschiedenen Nahrungsbestandteile

	Früchte	Blätter	Stengel Mark Sprosse	Samen	Rinde Holz	Blüten	Wurzeln Knollen	Tiere	Quelle
Flachlandgorilla									
Belinga, Gabun Tieflandwald	69	7	17		2				Tutin u. Fernandez (1985)
Lopé, Gabun Tieflandwald	44,8	24,1	8,4	10,3	4,4	1,5	3,9	2,5	Tutin et al. (1991a)
Rio Muni Tieflandwald	43,9	25,2	13,0		11,4	0,8	3,3		Sabater Pí (1977)
Grauergorilla									
Kahuzi, Bergwald	0,1	47	22		26				Yamagiwa et al. (1989c)
Bergwald	10	82[a]			8				Goodall (1977)
Primärwald	4	46	11		36				Casimir (1975)
Sekundärwald		51	19		30				Casimir (1975)
Masisi, Bergwald	51	16	33		0				Yamagiwa et al. (1989c)
Itebero-Utu Tieflandwald	57	5	37		0,1				Yamagiwa et al. (1989c)

Berggorilla
Virungas, Bergwald

Berggorilla
Virungas, Bergwald — 3,6 | 29,8 | 29,8 | 2,4 | 11,9 | 6,0 | 14,3 | | Watts (1984)

b Zeit, die für die Aufnahme der Nahrungsbestandteile aufgewandt wird (in % der Gesamtzeit)

	Früchte	Blätter	Stengel Mark Sprosse	Samen	Rinde Holz	Blüten	Wurzeln Knollen	Tiere	Quelle
Flachlandgorilla Rio Muni Tieflandwald	40	34	21						Sabater Pí (1977)
Berggorilla Virungas, Bergwald	1,7	85,8[a]		< 0,1	6,9	2,3	3,3		Fossey u. Harcourt (1977)
	0,2	67,7	27,4		1,7	1,1	1,7	< 0,1	Watts (1984)
Schimpansen	62,2	23,9[a]		4,6	2,2	4,1		4,6	Tuttle (1986); Goodall (1986)
Bonobos	77,8	20,1				0,3		0,8	Kano u. Mulavwa (1984); White (1992)
Orang-Utans	63,9	20,5[a]			8,7			4,1	Rodman (1988)

[a] Blätter+Sprosse; weniger als 0,1 %

195

Tabelle 5. Gruppengrößen (kursiv: Werte einschließlich einzelner Silberrückenmänner).

Gebiet	Tiere pro Gruppe Mittelwert	Spanne	Anzahl Gruppen	Quelle
Flachlandgorilla				
Río Muni				
Mt. Alen	7,13	2–12	8	Jones u. Sabater Pí (1971)
Abumnzok-Añinzok	6,4	3–19	5	Jones u. Sabater Pí (1971)
Kongo				
Nordteil				
Primärw./Sumpf	5,0			Fay u. Agnagna (1992)
Djéké	2,88 *3,8*	2–7 *1–7*	8 *12*	Mitani (1992)
Zentralafrikan. Rep.	*2,25*			
Südspitze	5,2	2–13	98	Fay (1989)
Dzanga-Sangha	*4,1*	*1–13*	*135*	Carroll (1988)
Primärwald	5,1	1–52		
Sekundärwald	*4,0–5,2*			
Waldlichtungen	*1,7–6,1*			
Waldrand	*3–10,7*			
überflutet	6,6			
	5,5			
Gabun	4,0	1–19	540	Tutin u. Fernandez (1984)
Kamerun	8,0 *6,6*	4–11 *1–11*	4 *5*	Bützler (1980)
Nigeria	*4,6*	*1–19*	*49*	Oates et al. (1990)

Grauergorilla							
Kahuzi-Biega, Berge	14,3		3–42		12		Yamagiwa (1983)
	15,6	12,3	6–37	1–37	14	19	Murnyak (1981)
	10,0	7,8	2–24	1–24	25	34	Yamagiwa et al. (im Druck)
Utu	15		4–25		6		Cordier (zit. in Schaller 1963)
Masisi	8	6,3	3–11	1–11	3	4	Yamagiwa et al. (1989a)
Berggorilla							
Virunga-Vulkane	16,9		5–27		10		Schaller (1963)
Virunga-Vulkane	5,0	4,2	2–9	1–9	12	15	Groom (1973)
Virunga-Vulkane	9,1	6,8	2–24	1–24	18	24	Fossey (1984b)
Impenetrable Forest	7,8		2–15		6		Schaller (1963)
Impenetrable Forest	8,8		5–14		12		Harcourt (1981a)

Tabelle 6. Durchschnittliche Zusammensetzung einer Haremsgruppe.

	Silberrücken-männer	andere Erwachsene	Jungtiere	Quelle
Lopé, Gabun	1,25	3,25	4,25	Tutin et al. (1992)
Kahuzi-Biega, Berge	1,1	7,1	7,8	Murnyak (1981)
Kahuzi-Biega, Berge	1,2	6,8	6,3	Yamagiwa (1983)
Virunga-Vulkane	1,7	7,7	7,5	Schaller (1968)
Virunga-Vulkane	1,2	2,5	1,9	Groom (1973)
Virunga-Vulkane	1,4	4,3	3,2	Weber u. Vedder (1983)
Impenetrable Forest	1,75	4,0	3,0	Harcourt (1981a)

Tabelle 7. Wanderungen und Streifgebiete.

Gebiet	Größe der Streifgebiete (km²)		Täglich zurückgelegte Strecken (km)		Quelle
	Mittel	Spanne	Mittel	Spanne	
Flachlandgorilla					
Río Muni					
Mt. Alen	6,8	2–12	1,1	0,75–1,6	Jones u. Sabater Pí (1971)

Abumnzok-Añinzok	5,5	5–6	0,9	0,7–1,1	
Gabun, Lopé	5,7	3,9–8,1	1,17	0,32–2,6	Tutin et al. (1992)
Grauergorilla					
Kahuzi-Biega, Berge	31		0,9	0,6–3,0	Casimir u. Butenandt (1973)
Kahuzi-Biega, Berge	22,6		1,1	0,14–3,4	Goodall (1977)
April–Juni			0,6		Goodall u. Groves (1977)
Juli/August			1,24		Goodall u. Groves (1977)
September			1,52		Goodall u. Groves (1977)
Oktober			1,18		Goodall u. Groves (1977)
Berggorilla					
Kabara, Virungas		3,9–5,8	0,6	0,1–2	Schaller (1963)
Karisoke, Virungas	7–8		0,5	0,09–1,8	Elliott (1976)
Karisoke, Virungas	6,2	4–8,1	0,3	0,7–2,5	Fossey u. Harcourt (1977)
Karisoke, Virungas	8,6				Vedder (1984)
Karisoke, Virungas	9,4	6–35	0,6	0,19–3,3	Watts (1991b)
Karisoke, Virungas					Hess (1989)
Einzelne Männer					
Grauergorilla					
Itebero			2,1	0,8–3,4	Yamagiwa et al. (1992c)
Berggorilla					
Karisoke, Virungas	4,4		0,42		Caro (1976)
Karisoke, Virungas	5,3		0,43	0,03–1,67	Yamagiwa (1986)

Tabelle 8. Lautäußerungen (*F* Fossey 1972; *S* Schaller 1963).

Bezeichnung	Beschreibung	Aktoren
Grunzen belch (F) purr, grumble, grunt, hum (S)	Meist 0,5 s dauernder Laut mittlerer Stärke, Hauptteil unter 1 kHZ; sehr variabel. Entspannter Gesichtsausdruck	Alle Tiere
Lachen chuckle (F,S)	Stimmloser Laut aus kurzen, in schnellem Rhythmus ausgestoßenen Keuchlauten; Gesichtsausdruck wechselnd, meist vorgeschobene oder eingezogene Lippen bei halb geöffneten Kiefern (s. Abb. 21 und 22)	Vor allem Jungtiere
Husten pig grunt (F) harsh staccato grunt, bark (S)	Mehrere kurze, rhythmisch ausgestoßene Laute, die wie Husten klingen. Kiefer halb geöffnet, Mundwinkel vorgeschoben	Alle Tiere
Hooting hoot series (F) hooting (S)	Immer lauter und in immer schnellerer Folge ausgestoßene kurze hu-Laute; vorgeschobene Lippen (s. Abb. 28)	Nur Silberrücken- männer
Jammern cry, whine (F) whine (S)	Serie kurzer hu-hu-hu-Laute mittlerer Stärke; Lippen vorgeschoben	Vor allem Jungtiere

Bellen hoot bark, hickup bark, question bark (F)	1- bis 3silbig, leise bis mittellaut	Alle Tiere, vorwiegend Silberrückenmänner
Schreien scream (F) scream, screech (S)	Einzelner, schriller Laut, der mehrere Sekunden dauert; Lippen meist über die Zähne zurückgezogen, Mundwinkel nach hinten gezogen, Kiefer geöffnet	Alle Tiere
Rhythmisches Keuchen pant series (F) soft, panting ho-ho (S)	Schnelle Folge rhythmisch ausgestoßener Keuchlaute	Vor allem Frauen
Kopulationslaute copulatory pants (F) staccato copulating call (S)	Stakkatoartig ausgestoßene, immer länger werdende Töne	Erwachsene Tiere
Knurren growl (F)	Leise, ähnlich dem Knurren eines Hundes; meist Streßgesicht	Vor allem Silberrücken
Alarmruf wraagh (F)	Kurzer, tiefer Laut, sehr variabel	Vor allem Silberrücken
Brüllen roar (F, S)	Plötzlich ausgestoßen, tief, sehr laut, ca. 0,5 s lang	Nur Silberrückenmänner

Tabelle 8. Fortsetzung.

Bezeichnung	Beschreibung	Aktoren
Wimmern	Sehr leise	Neugeborene
Schnauben	Tief, mittellaut, ca. 1 s lang, ähnlich dem Schnauben eines Pferdes	Silberrückenmänner
Brummen	Tief, laut, mehrere Sekunden lang, Lippen vorgeschoben	Vor allem Frauen
Keuchen, Stöhnen	Variable, stimmlose Laute	Vor allem Jungtiere
Brusttrommeln chest beating (S)	Schnelle Folge von Schlägen auf die Brust	Alle Tiere
Lärm	Schlagen auf den Boden, auf Gegenstände, Körperteile etc.	Alle Tiere

Tabelle 9. Auftreten der Lautäußerungen und entsprechende Laute bei Schimpansen (nach Marler 1976).

Bezeichnung	Zusammenhang	Schimpansen
Grunzen	Leichte Erregung, Sozialspiel, während des Fressens, bei Begegnungen von Tieren	Grunzen, Bellen, Kreischen, Stöhnen (rough grunt, barks, shrieks, groans)
Lachen	Entspanntes Spiel, v. a. Sozialspiel	Lachen (laughter)
Husten	Aggressive Stimmung, Aufregung, als Drohung	Grunzen, Husten (grunt, soft grunt, cough)
Bellen	Leichte Gefahr, Koordination der Gruppenbewegungen	Bellen (bark, soft bark)
Hooting	Aggression, Teil von Imponierveranstaltungen	Keuchendes Schreien (pant-hoot, pant-shriek)
Jammern	Unruhe, Angst, Trennung von der Mutter	Wimmern, Quieken (squeak, whimper, hoo-whimper, quiet hoo)
Schreien	Schmerz, Angst, große Aufregung, Wutanfälle, Trennung von der Mutter	Schreien (scream)
Rhythmisches Keuchen	Leichte Drohung	Rhythmisches Keuchen (pant-grunt, bobbing pants, pant-shriek)

203

Tabelle 9. Fortsetzung.

Bezeichnung	Zusammenhang	Schimpansen
Kopulationslaute	Kopulation	Keuchen (pant, copulatory pants)
Knurren	Leichte Aggression	–
Alarmruf	Plötzliche Gefahr	Wraaa-Bellen (wraaa, waa bark)
Brüllen	Aggression; zur Gruppenkoordination, als Warnung, als Einschüchterung	–
Wimmern	Hunger, Unruhe	?
Schnauben	Erregung, leichte Gefahr	?
Brummen	Bei besonders beliebter Nahrung; als Beschwichtigung, wenn die Gruppe sich eng zusammendrängt	Heftiges Brummen (rough grunt)
Keuchen, Stöhnen	Sozialspiel	
Brusttrommeln	Spiel, Imponieren	
Lärm	Spiel, Imponieren	–

Tabelle 10. Reaktionen auf Lautäußerungen. Prozentualer Anteil der Laute von Berggorillas verschiedener Alters- und Geschlechtsklassen, auf die andere Tiere reagierten (nach Fossey 1972).

Laute äußernde Tiere	Reagierende Tiere Silber- rücken	Schwarz- rücken	Frauen	Jugend- liche	Kinder	% der gesamten Laute, auf die reagiert wurde
Silberrücken	18	12	8	8	5	72
Schwarzrücken	32	24	2	3	1	78
Frauen	26	12	17	9	9	95
Jugendliche	29	14	–	–	–	57
Kinder	12	6	25	6	–	55

Tabelle 11. Gesichtsausdrücke bei Gorillas und entsprechende Ausdrücke bei Schimpansen (nach van Hooff 1967).

Bezeichnung	Beschreibung	Zusammenhang	Schimpansen
Aufmerksamkeitsgesicht	Mund geschlossen bis leicht geöffnet, Augenbrauen oft hochgezogen	Beobachtung ungewöhnlicher Vorgänge, Einübung neu erworbener Verhaltensweisen	Wachsames Gesicht (alert face)
Angstgesicht (s. Abb. 23)	Mund geschlossen, Augen weit geöffnet, Brauen oft hochgezogen	Ungewohnte Situationen	–
Konzentrationsgesicht	Mund meist geschlossen, Lippen oft vorgeschoben	Körperpflege, Erkundung von Gegenständen	–
Aggressionsgesicht	Mund halb geöffnet, Lippen bedecken die Zähne, Mundwinkel vorgeschoben, starrer Blick	Aggressive Stimmung	Starrendes Mundoffengesicht (staring open-mouth face)
Abwehrgesicht	Mund weit geöffnet, Lippen auseinandergezogen	Aggression (bei angegriffenen Tieren), Wutanfälle	Starrendes zähneentblößtes Gesicht mit Schreien (staring bared-teeth scream face)
Schmollgesicht (s. Abb. 24)	Lippen vorgeschoben	Verlassensein, Frustration	Schmollgesicht (pout face)

Spielgesicht	Mund leicht bis weit geöffnet, Zähne oft sichtbar	Spiel	Entspanntes Mundoffengesicht (relaxed open-mouth face)
Gepreßtlippengesicht (s. Abb. 26)	Mund geschlossen, Lippen eingezogen	Imponierverhalten	–
Schmerzgesicht (s. Abb. 25)	Mund geschlossen bis leicht geöffnet, Lippen auseinandergezogen	Aggression (bei angegriffenen Tieren)	Lautloses zähneentblößtes Gesicht (silent bared-teeth face)
Streßgesicht	Mund leicht geöffnet, Lippen manchmal eingezogen	Psychische Belastung, starke Erregung	–
Ekelgesicht	Lippen vorgeschoben oder auseinandergezogen, Augen zugekniffen	Abneigung gegen Dinge oder Vorgänge	–
–	–	–	Zähneentblößtes Gesicht mit Schreien und Stirnrunzeln (frowning bared-teeth scream face)
–	–	–	Gepreßtlippengesicht (tense-mouth face)
–	–	–	Schmatzgesicht (lip-smacking face)

Tabelle 12. Daten zur Fortpflanzung von Menschenaffen und Menschen.

	Gorillas Freiland	Gorillas Zoo	Schimpansen Freiland	Schimpansen Zoo	Bonobos Freiland	Bonobos Zoo	Orangs Zoo	Menschen Industriestaaten
Alter bei der 1. Brunst bzw. Menarche (Jahre)								
Mittelwert	6,33		10–11	8,5	8–9			13
Frühestens	5,75	4,5	9,4	7				11
Alter bei der 1. Geburt (Jahre)								
Mittelwert	10		10	10–11	11	10,5		15
Frühestens	8,67	6,6		8,25		8,3		13
Dauer der Brunst (Tage)								
Mittelwert	1		9,6/12,5[a]		undeutlich		undeutlich	undeutlich
Spanne	1–4		7–19					
Mittlere Zyklusdauer (Tage)	28	30–32	31,5/36[a]		42	36/46[a]	28	28
Männer: Früheste Geschlechtsreife (Jahre)		6,95		13–14		9,25	28	

Schwangerschaftsdauer (Tage)					
Mittelwert	257	228	255	245	265
Spanne	234–288	202–248		227–275	
Mittleres Geburtsgewicht (g)	2200	1756	1330	1728	3300
männlich	2285				
weiblich	1970				
Sterblichkeit im 1. Jahr (%)	26,2	21,6			
männlich	23,3	25,0	14,5		
weiblich	33,3	18,4	28		
Geburtenabstand (Jahre)					
Mittelwert	3,9	4,5[b]	4/6[a]	5,22[b]	
Spanne	3,0–7,25	2,3–11,9[b]	2–8	3–7	

[a] Mittelwerte aus verschiedenen Studien.
[b] nach natürlicher Aufzucht.
Freilandangaben für Gorillas: Berggorillas, Virunga-Vulkane; Zoo: Flachlandgorillas (Quellen: Czekala et al. 1987; Faiman et al. 1981; Furuichi 1987; Goodall 1986; Hess 1973; Martin 1981; Meder 1992b; Mitchell et al. 1985; Nadler 1975, 1976, 1980, 1988; Nishida u. Hiraiwa-Hasegawa 1987; Nissen u. Yerkes 1943; Pusey 1983; Reinartz im Druck; Sugiyama 1989; Tutin u. McGinnis 1981; Watts 1991a; Wu 1988).

Tabelle 13. Erstes Auftreten der Fortbewegungsweisen (Median, Lebenswoche).

	Gorillas[a]				Schimpansen[b]
	handaufgezogen		natürlich aufgezogen	Gesamt	
	weiblich	männlich			
Auf den Bauch					
Drehen	7	8		8	11
Krabbeln	8	10–11	–	10	14
Sitzen	14	15		14	20
Vierfüßig					
Stehen	15	16		15	20
Vierfüßig					
Laufen	17	18	14	17	
Klettern	16	18	19–21	18	20
Zweifüßig					
Stehen	29	30–31		26	39
Zweifüßig					
Laufen	46	30–31		40	43

[a] Aus Meder (1987)
[b] Aus Riesen u. Kinder (1952)

Tabelle 14. Schutzgebiete im Gorillaverbreitungsgebiet (nach IUCN 1987, 1988; Hecketsweiler 1990; Oko 1991; Anon. 1991b).

Staat	Name	Fläche	Gründungsjahr
Flachlandgorilla			
Gabun	Wonga-Wongué-Nationalpark	3580 km^2	1967
	Sétté-Cama-Schutzgebiete	7000 km^2	1962/1966
	Lopé-Okanda-Reservat	5000 km^2	1946/1962
	Moukalaba-Dougoula-Reservat	1000 km^2	1962
Kamerun	Dja-Reservat	5000 km^2	1932/1950
	Campo-Wildschutzgebiet	3300 km^2	1932
	Takamanda-Reservat[a]	676 km^2	1934
	möglicherweise auch:		
	Pangar Djerem-Wildschutzgebiet[a]	4800 km^2	1968
Kongo	Likouala-aux-herbes – lac Télé[a]	10500 km^2	1980
	Conkouati-Reservat	3000 km^2	1988
	Biosphärenreservat Dimonika	1360 km^2	1935/1940
	Odzala-Nationalpark	1266 km^2	1955
	M'Boko-Wildschutzgebiet	900 km^2	

Tabelle 14. Fortsetzung.

Staat	Name	Fläche	Gründungsjahr
	Lekoli-Pandaka-Reservat	682 km^2	1955
	Tsoulou-Reservat	300 km^2	1964
	Sources de l'Ogoué – Zanaga[a]		
Nigeria			
	Cross River-Nationalpark	920 km^2	1992
Río Muni			
	–		
Zentralafrikanische Republik			
	Dzanga-Ndoki-Nationalpark und -Reservat	8330 km^2	1990
Grauergorilla			
Zaire			
	Maiko-Nationalpark	10830 km^2	1970
	Kahuzi-Biega-Nationalpark	600 km^2 erweitert auf 6000 km^2	1970 1975
	Virunga-Nationalpark (Mt. Tshiaberimu)		1925

Berggorilla

Zaire	Virunga-Nationalpark (Vulkan-Teil)		1925
Uganda	Bwindi Impenetrable Nationalpark	$310 \, km^2$	1961/1991
	Mgahinga Gorilla-Nationalpark	$44 \, km^2$	1930/1991
Ruanda	Vulkan-Nationalpark	$120 \, km^2$	1960

[a] noch kein Schutzgebiet nach IUCN-Standard

Literatur

Grundlegende Werke

Dixson AF (1981) The natural history of the gorilla. Columbia Univ Press, New York

Fossey D (1983) Gorillas in the mist. Hodder & Stoughton, London

Fossey D (1989) Gorillas im Nebel (Gorillas in the mist, deutsch). Kindler, München

Hess J (1989) Familie 5. Birkhäuser, Basel

Maple T, Hoff MP (1982) Gorilla behavior. Van Nostrand Reinhold, New York

Schaller GB (1963) The mountain gorilla. Chicago Univ Press, Chicago

Tuttle RH (1986) Apes of the world. Noyes, Park Ridge

Weitere im Text erwähnte Literatur

Akeley C (1932) My hunt for the mountain gorilla. In: Akeley C, Akeley MLJ, Lions, gorillas and their neighbours. New York, pp 124–148

Akeley MLJ (1932) Two months in gorilla land. In: Akeley C, Akeley MLJ, Lions, gorillas and their neighbours. New York, pp 175–201

Akers JS, Schildkraut DS (1985) Regurgitation/reingestion and coprophagy in captive gorillas. Zoo Biol 4:99–109

Andrews P (1986) Molecular evidence for catarrhine evolution. In: Wood B, Martin L, Andrews P (eds) Major topics in primate and human evolution. Cambridge Univ Press, Cambridge, pp 107–129

Anon. (1989) Protection des gorilles au Rwanda. Nouv Conserv Gorilles 3:3–4

Anon. (1991a) Trade in gorillas in the People's Republic of the Congo. Gorilla Conserv News 5:12

Anon. (1991b) ZGF-Vorhaben 966/83: Schutz von Gorillas und Schimpansen im östlichen Zaire. Zool Ges Frankfurt Mitt 3:8–10

Ashford RW, Reid GDF, Butynski TM (1990) The intestinal fauna of man and mountain gorillas in a shared habitat. Ann trop Med Parasitol 84:337–340

Aspinall J (1987) Editorial. The Brazzaville orphans. Help 9:44–5

Aveling C, Aveling R (1989) Gorilla conservation in Zaire. Oryx 23:64–70

Aveling C, Harcourt AH (1984) A census of the Virunga gorillas. Oryx 18:8–13

Aveling RJ, Mitchell AH (1982) Is rehabilitating orang utans worthwhile? Oryx 16:263–271

Baumgärtel W (1960) König in Gorillaland. Franckh, Stuttgart

Baumgärtel W (1977) Unter Gorillas. Universitas, Berlin

Beck BB (1982) Fertility in North American male lowland gorillas. Amer J Primatol Suppl 1:7–11

Becker C (1984) Orang-Utans und Bonobos im Spiel. Profil, München

Bingham HC (1932) Gorillas in a native habitat. Carnegie Inst Washington Publ 426:1–66

Böer M, Janke-Grimm G (1990) Verhaltensuntersuchungen an Flachlandgorillas *(Gorilla g. gorilla)* im Zoologischen Garten. Zool Garten 60:137–189

Borner M (1985) The rehabilitated chimpanzees of Rubondo Island. Oryx 19:151–154

Brown SG (1988) Play behaviour in lowland gorillas: age differences, sex differences, and possible functions. Primates 29:219–228

Butynski T (1989) Le projet de conservation de la forêt impénétrable (Ouganda). Nouv Conserv Gorilles 3:12

Butynski T (1991) Impenetrable Forest Conservation Project, Uganda. Gorilla Conserv News 5:22–23

Bützler W (1980) Présence et répartition des gorilles, *Gorilla gorilla gorilla* (Savage and Wyman 1847) au Cameroun. Säugetierkundl Mitt 28:69–79

Byrne RW, Byrne J (1991) Hand preferences in the skilled gathering tasks of mountain gorillas *(Gorilla g. beringei)*. Cortex 27:521–546

Byrne R, Whiten A (eds) (1988) Machiavellian intelligence. Clarendon, Oxford

Calvert JJ (1985) Food selection by western lowland gorillas *(Gorilla gorilla gorilla)* in relation to food chemistry. Oecologia 65:236–246

Caro TM (1976) Observations on the ranging behaviour and daily activity of lone silverback mountain gorillas *(G. g. beringei)*. Anim Behav 24:889–897

Carpenter CR (1964) An observational study of two captive mountain gorillas *(Gorilla beringei)*. In: Carpenter CR (ed) Naturalistic behaviour of nonhuman primates. Pennsylvania Univ Press, University Park, pp 106–121

Carroll RW (1988) Relative density, range extension, and conservation potential of the lowland gorilla *(Gorilla gorilla gorilla)* in the Dzanga-Sangha region of southwestern Central African Republic. Mammalia 52:311–323

Carter FS (1973) Comparison of baby gorillas with human infants at birth and during the postnatal period. Jersey Wildl Pres Trust 10th Ann Rep:29–33

Casimir MJ (1975) Feeding ecology and nutrition of an eastern gorilla group in the Mt. Kahuzi region (République de Zaire). Folia Primatol 24:81–136

Casimir MJ (1979) An analysis of gorilla nesting sites of the Mt. Kahuzi region (Zaire). Folia Primatol 32:290–308

Casimir MJ, Butenandt E (1973) Migration and core area shifting in relation to some ecological factors in a mountain gorilla group *(Gorilla gorilla beringei)* in the Mt. Kahuzi region. Z Tierpsychol 33:514–522

Chevalier-Skolnikoff S (1976) The ontogeny of primate intelligence and its implications for communicative potential: a preliminary report. Annals New York Acad Sci 280:173–211

Chevalier-Skolnikoff S (1977) A Piagetan model for describing and comparing socialization in monkey, ape and human infants. In: Chevalier-Skolnikoff S, Poirier FE (eds) Primate bio-social development. Garland, New York, pp 159–187

Collet J-Y, Bourreau E, Cooper RW, Tutin CEG, Fernandez M (1984) Experimental demonstration of cellulose digestion by *Troglodytella gorillae*, an intestinal ciliate of lowland gorillas. Int J Primatol 5:328

Condiotti M (1984) Sabyinyo. Wildlife News 19(2):14–18

Coolidge HJ (1929) A revision of the genus gorilla. Mem Harv Mus Comp Zool 50:295–381

Coolidge HJ (1936) Notes on four gorillas from the Sanga river region. Proc Acad Nat Sci Philad 88:479–501

Cousins D (1983) Man's affiliation with the anthropoid apes in Africa. Acta Zool Pathol Antverpiensia 77:19–40

Czekala NM, Mitchell WR, Lasley BL (1987) Direct measurements of urinary estrone conjugates during the normal menstrual cycle of the gorilla *(Gorilla gorilla)*. Amer J Primatol 12:223–229

Czekala NM, Shideler SE, Lasley BL (1988) Comparisons of female reproductive hormone patterns in the hominoids. In: Schwartz JH (ed) Orang-utan biology. Oxford Univ Press, Oxford, pp 117–122

Darwin C (1871) The descent of man, and selection in relation to sex. Appleton, New York

Donisthorpe J (1958) A pilot study of the mountain gorilla. South African J Sci 54:195–217

Douglass EM (1981) First gorilla born using artificial insemination. Int Zoo News 28(1):9–15

Doumenge C (1990) La conservation des écosystèmes forestiers du Zaire. IUCN, Gland

Du Chaillu P (1861) Explorations and adventures in equatorial Africa. Harper & Brothers, New York

Elliott RC (1976) Observations on a small group of mountain gorillas *(Gorilla gorilla beringei)*. Folia Primatol 25:12–24

Ellis RA, Montagna W (1962) The skin of primates. VI. The skin of the gorilla *(Gorilla gorilla)*. Amer J phys Anthropol 20:79–93

Emlen JT, Schaller GB (1960) Distribution and status of the mountain gorilla *(Gorilla gorilla beringei)*, 1959. Zoologica New York 45:41–52

Faiman C, Reyes FI, Winter JSD, Hobson WC (1981) Endocrinology of pregnancy in apes. In: Graham CE (ed) Reproductive biology of the great apes. Academic Press, New York, pp 45–68

Fay M (1989) Partial completion of a census of the western lowland gorilla *(Gorilla g. gorilla)* in southwestern Central African Republic. Mammalia 53:203–215

Fay JM (1991) CAR – Congo report. Gorilla Conserv News 5:7–9

Fay JM, Agnagna, M. (1992) Census of gorillas in northern Republic of Congo. Amer J Primatol 27:275–284

Fay JM, Agnagna M, Moore J, Oko R (1989) Gorillas *(Gorilla gorilla gorilla)* in the Likouala swamp forests of north central Congo: Preliminary data on populations and ecology. Int J Primatol 10:477–486

Ferris SD, Brown WM, Davidson WS, Wilson AC (1981) Extensive polymorphism in the mitochondrial DNA of apes. Proc Nat Acad Sci (USA) 78:6319–6323

Fischer RB, Nadler RD (1978) Affiliative, playful and homosexual interactions of adult female lowland gorillas. Primates 19:657–664

Fossey D (1972) Vocalisations of the mountain gorilla. Anim. Behav 20:36–53

Fossey D (1974) Observations on the home range of one group of mountain gorillas *(Gorilla gorilla beringei)*. Anim Behav 22:568–581

Fossey D (1979) Development of the mountain gorilla *(Gorilla g. beringei)*: The first thirty-six months. In: Hamburg DA, McCown E (eds) The great apes. Benjamin/Cummings, Menlo Park, pp 139–184

Fossey D (1982) Reproduction among free-living mountain gorillas. Amer J Primatol Suppl 1:97–104

Fossey D (1984a) Infanticide in mountain gorillas *(Gorilla gorilla beringei)* with comparative notes on chimpanzees. In: Hausfater G, Hrdy SB (eds) Infanticide. Aldine, New York, pp 217–235

Fossey D (1984b) Mountain gorilla research, 1975–1976. Nat Geogr Soc Res Reps 16:245–284

Fossey D (1984c) Mountain gorilla research, 1977–1979. Nat Geogr Soc Res Reps 17:363–412

Fossey D, Harcourt AH (1977) Feeding ecology of free-ranging mountain gorillas *(Gorilla gorilla beringei)* In: Clutton-Brock TH (ed) Primate ecology. Academic Press, London, pp 415–447

Foster JW (1992) Mountain gorilla conservation: A study in human values. J Amer Med Assoc 200:629–633

Furuichi T (1987) Sexual swelling, receptivity, and grouping of wild pygmy chimpanzee females at Wamba, Zaire. Primates 28:309–318

Furuichi T (1989) Social interactions and the life history of female *Pan paniscus* in Wamba, Zaire. Int J Prim 10:173–197

219

Galdikas BMF (1984) Adult female sociality among wild orangutans at Tanjung Puting Reserve. In: Small MF (ed) Female primates. Alan R. Liss, New York, pp 217–235

Garner KJ (1992) The world's largest collection of gorilla hair. Zoonooz 65(1):12–14

Ghiglieri MP (1989) Hominoid sociobiology and hominid social evolution. In: Heltne PG, Marquardt LA (eds) Understanding chimpanzees. Harvard Univ Press, Cambridge, Mass, pp 370–379

Glen DR, Brooks DR (1986) Parasitological evidence pertaining to the phylogeny of the hominoid primates. Biol J Linnean Soc 27:331–354

Gomez JC (1990) The emergence of intentional communication as a problem-solving strategy in the gorilla. In: Parker ST, Gibson KR (eds) »Language« and intelligence in monkeys and apes. Cambridge Univ Press, New York, pp 333–355

Gonzalez IL, Sylvester JE, Smith TF, Stambolian D, Schmickel RD (1990) Ribosomal RNA gene sequences and hominoid phylogeny. Mol Biol Evol 7:203–219

Goodall AG (1977) Feeding and ranging behaviour of a mountain gorilla group *(Gorilla gorilla beringei)* in the Tshibinda-Kahuzi region (Zaire) In: Clutton-Brock TH (ed) Primate ecology. Academic Press, London, pp 449–479

Goodall AG, Groves CP (1977) The conservation of eastern gorillas. In: Bourne GH (ed) Primate conservation. Academic Press, New York, pp 599–637

Goodall J van Lawick (1968) The behaviour of free-living chimpanzees in the Gombe Stream Reserve. Anim Behav Monogr 1(3)

Goodall J van Lawick (1971) Wilde Schimpansen. Rowohlt, Reinbek

Goodall J van Lawick (1975) The behaviour of the chimpanzee. In: Kurth G, Eibl-Eibesfeldt I (Hrsg) Hominisation und Verhalten. G. Fischer, Stuttgart, pp 74–136

Goodall J (1986) The chimpanzees of Gombe. Belknap Press, Cambridge, Mass.

Goodman M (1986) Molecular evidence on the ape subfamily Homininae. Progr clin biol Res 218:121–132

Goodman M, Tagle DA, Fitch DHA, Bailey W, Czelusniak J, Koop BF, Benson P, Slightom JF (1990) Primate evolution at the DNA level and a classification of hominoids. J mol Evol 30:260–266

Goussard B, Collet J-Y, Garin Y, Tutin CEG, Fernandez M (1983) The intestinal entodiniomorph ciliates of wild lowland gorillas *(Gorilla gorilla gorilla)* in Gabon, West Africa. J med Primatol 12:239–249

Gregory WK (ed) (1950) The anatomy of the gorilla. Columbia Univ Press, New York

Groom AFG (1973) Squeezing out the mountain gorilla. Oryx 12:207–215

Groves CP (1970) Population systematics of the gorilla. J Zool London 161:287–300

Groves CP (1971) Distribution and place of origins of the gorilla. Man 6:44–51

Groves CP (1986) Systematics of the great apes. In: Swindler DR, Erwin J (eds) Comparative primate biology Vol 1: systematics, evolution and anatomy. Alan R. Liss, New York, pp 187–217

Grzimek B (Hrsg) (1988) Grzimeks Enzyklopädie Säugetiere Bd. 2. Kindler, München

Hall J, Wathaut WM (1992) Preliminary survey of the eastern lowland gorilla. Gorilla Conserv News 6:12–14

Hannah AC, McGrew WC (1991) Rehabilitation of captive chimpanzees. In: Box HO (ed) Primate responses to environmental change. Chapman & Hall, London, pp 167–186

Harcourt AH (1978a) Activity periods and patterns of social interaction: a neglected problem. Behaviour 66:121–135

Harcourt AH (1978b) Strategies of emigration and transfer by primates, with particular reference to gorillas. Z Tierpsychol 48:401–420

Harcourt AH (1979a) Contrasts between male relationships in wild gorilla groups. Behav Ecol Sociobiol 5:39–49

Harcourt AH (1979b) Social realationships among female mountain gorillas. Anim Behav 27:251–264

Harcourt AH (1979c) Social relationships between adult male and female mountain gorillas. Anim Behav 27:325–342

Harcourt AH (1979d) The social relations and group structure of wild mountain gorillas. In: Hamburg DA, McCown E (eds) The great apes. Benjamin/Cummings, Menlo Park, pp 187–192

Harcourt AH (1981a) Can Uganda's gorillas survive? A survey of the Bwindi Forest Reserve. Biol Conserv 19:269–282

Harcourt AH (1981b) Intermale competition and the reproductive behavior of the great apes. In: Graham CE (ed) Reproductive biology of the great apes. Academic Press, New York, pp 301–318

Harcourt AH (1988) Bachelor groups of gorillas in captivity: the situation in the wild. Dodo 25:54–61

Harcourt AH (1989) Remise en liberté des gorilles. Nouv Conserv Gorilles 3:17–25

Harcourt AH, Curry-Lindahl K (1978) The F.P.S. mountain gorilla project – a report from Rwanda. Oryx 14:316–324

Harcourt AH, Harcourt SA (1984) Insectivory by gorillas. Folia Primatol 43:229–233

Harcourt AH, Stewart KJ (1978) Coprophagy by wild mountain gorillas. East African Wildl J 16:223–225

Harcourt AH, Stewart KJ (1980) Gorilla eaters of Gabon. Oryx 15:248–252

Harcourt AH, Stewart KJ (1981) Gorilla male relationships: can differences during immaturity lead to contrasting reproductive tactics in adulthood? Anim Behav 29:206–210

Harcourt AH, Stewart KJ (1984) Gorillas' time feeding: aspects of methodology, body size, competition and diet. African J Ecol 22:207–215

Harcourt AH, Stewart KJ (1985) Competition and cooperation in a gorilla population. Nat Geogr Soc Res Reps 20:321–329

Harcourt AH, Stewart KJ (1987) The influence of help in contests of dominance rank in primates, hints from gorillas. Anim Behav 35:182–190

Harcourt AH, Stewart KJ (1989) Functions of alliances in contests within wild gorilla groups. Behaviour 109:176–190

Harcourt AH, Fossey D, Stewart KJ, Watts DP (1980) Reproduction in wild gorillas and some comparisons with chimpanzees. J Reprod Fert Suppl 28:59–70

Harcourt AH, Fossey D, Sabater Pí J (1981a) Demography of *Gorilla gorilla*. J Zool London 195:215–233

Harcourt AH, Stewart KJ, Fossey D (1981b) Gorilla reproduction in the wild. In: Graham CE (ed) Reproductive biology of the great apes. Academic Press, New York, pp 265–279

Harcourt AH, Harvey PH, Larson SG, Short RV (1981c) Testis weight, body weight and breeding system in primates. Nature 293:55–57

Harcourt AH, Pennington H, Weber AW (1986a) Public attitudes to wildlife and conservation in the Third World. Oryx 20:152–154

Harcourt AH, Stewart KJ, Harcourt DE (1986b) Vocalizations and social relationships of wild gorillas. In: Taub DM, King FA (eds) Current perspectives in primate social dynamics. Van Nostrand Reinhold, New York, pp 346–356

Harcourt AH, Stewart KJ, Inahoro IM (1989) Gorilla quest in Nigeria. Oryx 23:7–13

Harvey P, Martin RD, Clutton-Brock TH (1987) Life histories in comparative perspective. In: Smuts BB, Cheney DL et al. (eds) Primate societies. Univ of Chicago Press, Chicago, pp 181–196

Hasegawa M, Kishino H, Yano T (1985) Dating of the human-ape splitting by a molecular clock of mitochondrial DNA. J mol Evol 22:160–174

Hayasaka K, Gojobori T, Horai S (1988) Molecular phylogeny and evolution of primate mitochondrial DNA. Mol Biol Evol 5:626–644

Hecketsweiler P (1990) La conservation des écosystèmes forestiers du Congo. UICN, Gland

Hess JP (1973) Some observations on the sexual behaviour of captive lowland gorillas, *Gorilla gorilla gorilla*. In: Michael RP, Crook JH (eds) Comparative ecology and behaviour of primates. Academic Press, London, pp 507–581

Hobson B (1975) The diagnosis of pregnancy in the lowland gorilla *Gorilla gorilla gorilla* and the Sumatran orang utan *Pongo pygmaeus abelii*. Jersey Wildl Pres Trust 12th Ann Rep:71–75

Hoff MP, Nadler RD, Maple TL (1981a) Development of infant independence in a captive group of lowland gorillas. Dev Psychobiol 14:251–265

Hoff MP, Nadler RD, Maple TL (1981b) The development of infant play in a captive group of lowland gorillas *(Gorilla g. gorilla)*. Amer J Primatol 1:65–72

Hoff MP, Nadler RD, Maple TL (1982) Control role of an adult male in a captive group of lowland gorillas. Folia Primatol 38:72–85

Holtkötter M (1990) Kognitive Prozesse beim Lösen von Problembox-Aufgaben – Untersuchungen mit verschiedenen Primaten. Dissertation, Univ Münster

Holzer Blersch B (1990) Untersuchungen zur Entwicklung sozialer Verhaltensweisen von im Zoo geborenen juvenilen und subadulten Flachlandgorillas *(Gorilla g. gorilla)*. Dissertation, Univ Wien

Hooff JARAM van (1967) The facial displays of catarrhine monkeys and apes. In: Morris D (ed) Primate ethology. Aldine, Chicago, pp 7–68

Hooff JARAM van (1976) The comparison of facial expressions in man and higher primates. In: Cranach M von (ed) Methods of inference from animal to human. Mouton, Den Haag, pp 165–196

Horai S, Satta Y, Hayasaka K, Kondo R, Inoue T, Ishida T, Hayashi S, Takahata N (1992) Man's place in Hominoidea revealed by mitochondrial DNA genealogy. J mol Evol 35:32–43

Hughes J, Redshaw M (1973) The psychological development of two infant gorillas: a preliminary report. Jersey Wildl Pres Trust 10th Ann Rep:34–36

Hughes J, Redshaw M (1974) Cognitive, manipulative and social skills in gorillas: Part I, the first year. Jersey Wildl Pres Trust 11th Ann Rep:53–60

Hunt KD (1991) Positional behavior in the hominoidea. Int J Primatol 12:95–118

IUCN (1987) IUCN Directory of afrotropical protected areas. IUCN, Gland

IUCN (ed) (1988) Threatened primates of Africa. The IUCN Red Data Book. IUCN, Gland

Johnstone-Scott R (1978) The Howletts gorilla band. Help 1:12–18

Johnstone-Scott R (1984) Integration and management of a group of lowland gorillas at the Jersey Wildlife Preservation Trust. Dodo 21:67–79

Jones C, Sabater Pí J (1971) Comparative ecology of *Gorilla gorilla* (Savage and Wyman) and *Pan troglodytes* (Blumenbach) in Río Muni, West Africa. Karger, Basel

Kano T (1982) The use of leafy twigs for rain cover by the pygmy chimpanzees of Wamba. Primates 23:453–457

Kano T, Mulavwa M (1984) Feeding ecology of the pygmy chimpanzees *(Pan paniscus)* of Wamba. In: Susman RL (ed) The pygmy chimpanzee. Plenum Press, New York, London, pp 233–274

Keiter MD, Pichette LP (1979) Reproductive behavior of captive subadult lowland gorillas *(Gorilla gorilla gorilla)*. Zool Garten 49:215–237

Kingsley SR (1988) Physiological development of male orangutans and gorillas. In: Schwartz JH (ed) Orang-utan biology. Oxford Univ Press, New York, pp 123–131

Kirchshofer R (1992) Internationales Zuchtbuch für den Gorilla *Gorilla gorilla* (Savage und Wyman, 1947), 1991. Zool Garten Frankfurt

Knobloch H, Pasamanick B (1959) The development of adaptive behavior in an infant gorilla. J comp physiol Psychol 52:699–704

Köhler W (1921) Intelligenzprüfungen an Menschenaffen. Springer, Berlin

Kohnen K-H, Braun R (1989) Cash apes – das Geschäft mit dem Gorilla-Tourismus. In: Euler C (Hrsg) »Eingeborene« – ausgebucht. Focus, Gießen, pp 159–169

Koop BF, Tagle DA, Goodman M, Slightom JL (1989) A molecular view of primate phylogeny and important systematic and evolutionary questions. Mol Biol Evol 6:580–612

Lasley BL, Czekala NM, Presley S (1982) A practical approach to evaluation of fertility in the female gorilla. Amer J Primatol Suppl 1:45–50

Lawick-Goodall J van (s. Goodall, J)

Lethmate J, Dücker G (1973) Untersuchungen zum Selbsterkennen im Spiegel bei Orang-Utans und anderen Menschenaffen. Z Tierpsychol 33:248–369

Leutenegger W (1973) Maternal-fetal weight relationships in primates. Folia Primatol 20:280–293

Linden E, Nichols M (1992) A curious kinship: apes and humans. Nat Geogr 181(3):2–45

Lovell NC (1990) Skeletal and dental pathology of free-ranging mountain gorillas. Amer J Primatol 81:399–412

Mahaney WC, Watts DP, Hancock RGV (1990) Geophagia by mountain gorillas *(Gorilla gorilla beringei)* in the Virunga mountains, Rwanda. Primates 31:113–120

Mallinson JJC, Coffey P, Usher-Smith J (1973) Maintenance, breeding and hand-rearing of lowland gorilla at the Jersey Zoological Park. Jersey Wildl Pres Trust 10th Ann Rep:5–28

Marler P (1976) Social organization, communication and graded signals: the chimpanzee and the gorilla. In: Bateson PPG, Hinde RA (eds) Growing points in ethology. Cambridge Univ Press, Cambridge, pp 239–280

Marler P, Tenaza R (1977) Signaling behavior of apes with special reference to vocalization. In: Sebeok TA (ed) How animals communicate. Indiana Univ Press, Bloomington, pp 965–1033

Martin DE (1981) Breeding great apes in captivity. In: Graham C (ed) Reproductive biology of great apes. Academic Press, New York, pp 343–373

Martin L (1986) Relationships among extant and extinct great apes and humans. In: Wood B, Martin L et al. (eds) Major topics in primate and human evolution. Cambridge Univ Press, Cambridge, pp 161–187

Meder A (1982) Untersuchungen zum sozialen Verhalten in einer Gruppe von Flachlandgorillas mit Schwerpunkt auf dem Grad sozialer Integration handaufgezogener Tiere. Diplomarbeit, Univ Heidelberg

Meder A (1986a) Physical and activity changes associated with pregnancy in captive lowland gorillas. Amer J Primatol 11:111–116

Meder A (1986b) Soziale Beziehungen in einer Gruppe von Flachlandgorillas in Gefangenschaft. Z Säugetierk 51:15–26

Meder A (1987) Untersuchungen zur Verhaltensentwicklung und sozialen Integration handaufgezogener und natürlich aufgezogener Flachlandgorillas in Kindheit und früher Jugend und bisherige Ergebnisse zur Fortpflanzung gefangenschaftsgeborener Tiere. Dissertation, Univ Heidelberg

Meder A (1989) Effects of hand-rearing on the behavioral development of infant and juvenile gorillas. Dev Psychobiol 22:357–376

Meder A (1990a) Integration of hand-reared gorillas into breeding groups. Zoo Biol 9:157–164

Meder A (1990b) Sex differences in the behaviour of immature captive lowland gorillas. Primates 31:51–63

Meder A (1990c) Aufzuchtweise und Fortpflanzungserfolg von Flachlandgorillas in Gefangenschaft. In: Kirchshofer R Internationales Zuchtbuch für den Gorilla, 1989. Zool Garten Frankfurt, pp 187–195

Meder A (1992a) Effects of the environment on the behaviour of lowland gorillas in zoos. Primate Rep 32:167–183

Meder A (1992b) Geburtenabstände und Jungtiersterblichkeit im 1. Lebensjahr bei Flachlandgorillas in Zoos. In: Kirchshofer R (Hrsg) Internationales Zuchtbuch für den Gorilla, 1991. Zool Garten Frankfurt, pp 286–292

Merz G (1991) Conservation of the eastern lowland gorilla. Primate Rep 29:65–70

Miller-Schroeder P, Paterson JD (1989) Environmental influences on reproduction and maternal behavior in captive gorillas.

226

In: Segal EF (ed) Housing, care and psychological well-being of captive and laboratory primates. Noyes, Park Ridge, pp 389–415

Mitani M (1990) A note on the present situation of primate fauna found from south-eastern Cameroon to northern Congo. Primates 31:625–634

Mitani M (1992) Preliminary results of the studies on wild western lowland gorillas and other sympatric diurnal primates in the Ndoki Forest, northern Congo. In: Itoigawa M, Sugiyama GP et al. (eds) Topics in Primatology Vol 2: Behavior, ecology and conservation. Univ of Tokyo Press, Tokyo, pp 215–224

Mitchell RW (1989) Functions and social consequences of infant-adult male interaction in a captive group of lowland gorillas *(Gorilla gorilla gorilla)*. Zoo Biol 8:125–137

Mitchell WR, Lindburg DG, Shideler SE, Presley S, Lasley BL (1985) Sexual behavior and urinary ovarian hormone concentrations during the lowland gorilla menstrual cycle. Int J Primatol 6:161–172

Mori A (1983) Comparison of the communicative vocalizations and behaviors of group ranging in eastern gorillas, chimpanzees and pygmy chimpanzees. Primates 24:486–500

Murnyak DF (1981) Censusing the gorillas in Kahuzi-Biega National Park. Biol Conserv 21,163–176

Mwanza N, Yamagiwa J (1989) A note on the distribution of primates between the Zaire-Lualaba river and the African Rift Valley. Interspecies relationships of primates in the tropical and montane forests 1:5–10

Nadler RD (1975) Cyclity in tumescence of the perineal labia of female lowland gorillas. Anat Rec 181:791–797

Nadler RD (1976) Sexual behavior of captive lowland gorillas. Archs sex Behav 5:487–502

Nadler RD (1980) Reproductive physiology and behaviour of gorillas. J Reprod Fert Suppl 28:79–89

Nadler RD (1986) Sex-related behavior of immature wild mountain gorillas. Dev Psychobiol 19:125–137

Nadler RD (1988) Sexual and reproductive behavior. In: Schwartz JH (ed) Orang-utan biology. Oxford Univ Press, Oxford, pp 105–116

Nadler RD (1989) Sexual initiation in wild mountain gorillas. Int J Primatol 10:81–92

Nadler RD, Collins DC (1984) Research on reproductive biology of gorillas. Zoo Biol 3:13–25

Nadler RD, Graham CE, Collins DC, Gould KG (1979) Plasma gonadotropins, prolactin, gonadal steroids, and genital swelling during the menstrual cycle of lowland gorillas. Endocrinology 105:290–296

Nishida T, Hiraiwa-Hasegawa M (1987) Chimpanzees and bonobos: cooperative relationships among males. In: Smuts BB, Cheney DL et al. (eds) Primate societies. Univ of Chicago Press, Chicago, pp 165–177

Nishihara T, Kuroda S (1991) Soil scratching behaviour by western lowland gorillas. Folia Primatol 577:48–51

Nissen HW, Yerkes RM (1943) Reproduction in the chimpanzee: report on forty-nine births. Anat Rec 86:567–578

Noback CR (1939) The changes in the vaginal smears and associated cyclic phenomena in the lowland gorilla. Anat Rec 73:209–225

Oates JF (1991) New plans for the conservation of Nigerian gorillas. Gorilla Conserv News 5:13–15

Oates JF, White D, Gadsby EL, Bisong PO (1990) Cross River National Park (Okwango Division), Feasibility Study, Appendix 1: Conservation of gorillas and other species.

O'Higgins P, Moore WJ, Johnson DR, McAndrew TJ (1990) Patterns of cranial sexual dimorphism in certain groups of extant hominoids. J Zool London 222:399–420

Oko RA (1991) Distribution and conservation of gorillas and chimpanzees in the Congo. In: Ehara A, Kimura T et al. (eds) Primatology today. Elsevier, Amsterdam, pp 47–50

Parker ST (1990) Why big brains are so rare: Energy costs of intelligence and brain size in anthropoid primates. In: Parker ST, Gibson KR (eds) »Language« and intelligence in monkeys and apes. Cambridge Univ Press, New York, pp 129–154

Patterson F (1984) Gorilla language acquisition. Nat Geogr Soc Res Reps 17, 1976 Projects:677–700

Patterson F (1986) The mind of the gorilla: conversation and conservation. In: Benirschke K (ed) Primates: The road to self-sustaining populations. Springer, New York, pp 933–947

Patterson F (1991) Self-awareness in the gorilla Koko. Gorilla 14(2):2–5

Plavcan JM, Schaik CP van (1992) Intrasexual competition and canine dimorphism in anthropoid primates. Amer J phys Anthropol 87:461–477

Pusey AP (1983) Mother-offspring relationships in chimpanzees after weaning. Anim Behav 31:363–377

Raven HC, Hill JE (1950) Regional anatomy of the gorilla. In: Gregory WK (ed) The anatomy of the gorilla. Columbia Univ Press, New York, pp 15–185

Redshaw M (1978) Cognitive development in human and gorilla infants. J hum Evol 7:133–141

Redshaw M (1989) A comparison of neonatal behaviour and reflexes in the great apes. J hum Evol 18:191–200

Reinartz GE (im Druck) Bonobos in captivity; prospects for conservation. Zoo Biol

Rensch B, Dücker G (1966) Manipulierfähigkeit eines jungen Orang-Utans und eines jungen Gorillas. Z Tierpsychol 23:874–892

Riesen AH, Kinder EF (1952) The postural development of infant chimpanzees. Yale Univ Press, New Haven

Robbins M (1992a) The effects of the war on the Virunga mountain gorilla population. Gorilla Gazette 6(1):1–2

Robbins M (1992b) Social relationships among an all-male group of mountain gorillas. Vortrag beim 2. Gorilla-Workshop, Milwaukee

Rodman PS (1988) Diversity and consistency in ecology and behavior. In: Schwartz JH (ed) Orang-utan biology. Oxford Univ Press, Oxford, pp 31–51

Rogers ME, Williamson EA, Tutin CEG, Fernandez M (1988) Effects of the dry season on gorilla diet in Gabon. Primate Rep 22:25–33

Rogers ME, Maisels F, Williamson EA, Fernandez M, Tutin CEG (1990) Gorilla diet in the Lope Reserve, Gabon: A nutritional analysis. Oecologia 844:326–339

Rothschild BM, Woods RJ (1992) Spondylarthropathy as an Old World phenomenon. Sem Arthritis Rheumatism 21:306–316

Ruempler U (1990) Verhaltensänderungen von Flachlandgorillas *(Gorilla gorilla gorilla)* im Zoologischen Garten Köln nach Futterumstellung. Z Kölner Zoo 33:75–84

Sabater Pí J (1960) Rapport préliminaire sur l'alimentation dans la nature des gorilles du Río Muni (Ouest Africa). Mammalia 30:235–240

Sabater Pí J (1966) Gorilla attacks against humans in Río Muni, West Africa. J Mammal 47:123–124

Sabater Pí J (1977) Contribution to the study of alimentation of lowland gorillas in the natural state, in Río Muni, Republic of Equatorial Guinea (West Africa). Primates 18:183–204

Sabater Pí J (1981) Exploitation of gorillas, *Gorilla gorilla gorilla*, in Río Muni, Republic of Equatorial Guinea, West Africa. Biol Conserv 19:131–140

Sabater Pí J, Groves C (1972) The importance of higher primates in the diet of the Fang of Río Muni. Man 7:239–243

Savage TS, Wyman J (1847) Notice of the external characters and habits of *Troglodytes gorilla*, a new species of orang from the Gaboon river, osteology of the same. Boston J Nat Hist 5:417–443

Savage-Rumbaugh ES, Wilkerson BJ, Bakeman R (1977) Spontaneous gestural communiation among conspecifics in the pygmy chimpanzee *(Pan paniscus)*. In: Bourne GH (ed) Progress in ape research. Academic Press, New York, pp 97–116

Schäfer E (1960) Über den Berggorilla. Z Tierpsychol 17:376–381

Schenkel R (1960) Goma, das Basler Gorillakind: die Reifung der artgemäßen Fortbewegung und Körperhaltung. Documenta Geigy Bull 5

Schenkel R (1964) Zur Ontogenese des Verhaltens bei Gorilla und Mensch. Z Morph Anthropol 54:233–259

Schmitt J, Graur D, Tomiuk J (1990) Phylogenetic relationships and rates of evolution in primates: allozymic data from catarrhine and platyrrhine species. Primates 31:95–108

Schouteden H (1944) De zoogdieren van Belgisch Congo en van Ruanda-Urundi. Ann Mus Belgisch Congo II (3), Fasc. 1

Schultz AH (1933) Die Körperproportionen der erwachsenen catarrhinen Primaten, mit spezieller Berücksichtigung der Menschenaffen. Anthropol Anz 10:154–185

Schultz AH (1950) Morphological observations on gorillas. In: Gregory WK (ed) The anatomy of the gorilla. Columbia Univ Press, New York, pp 227–254

Schultz AH (1956) Postembryonic age changes. In: Hofer H, Schultz AH et al. (eds) Primatologia Bd. 1. Karger, Basel, pp 887–964

Schwartz JH (1988) History, morphology, and evolution. In: Schwartz JH (ed) Orang-utan biology. Oxford Univ Press, Oxford, pp 69–85

Sholley CR (1989) Mountain gorilla update. Oryx 23:57–58

Sibley CG, Ahlquist JE (1987) DNA hybridization evidence of hominoid phylogeny: Results from an expanded data set. J mol Evol 26:99–121

Sicotte P (1992) Male competition and male-female relationships in bi-male groups of mountain gorillas. Vortrag beim 14. Kongr Internat Primatol Ges, Straßburg

Stewart KJ (1977) The birth of a wild mountain gorilla *(Gorilla gorilla beringei)*. Primates 18:965–976

Stewart KJ (1984) Parturition in wild gorillas: behaviour of mothers, neonates, and others. Folia Primatol 42:62–69

Stewart KJ (1988) Suckling and lactational anoestrus in wild gorillas *(Gorilla gorilla)*. J Reprod Fert 83:627–634

Stewart KJ, Harcourt AH (1987) Gorillas: variation in female relationships. In: Smuts BB, Cheney DL et al. (eds) Primate societies. Univ of Chicago Press, Chicago, pp 155–165

Straus WL (1950) The microscopic anatomy of the skin of the gorilla. In: Gregory WK (ed) The anatomy of the gorilla. Columbia Univ Press, New York, pp 213–221

Suarez SD, Gallup GG (1981) Self-recognition in chimpanzees and orang-utans, but not in gorillas. J hum Evol 10:175–188

Sugiyama Y (1989) Population dynamics of chimpanzees at Boussou, Guinea. In: Heltne PG, Marquardt LA (eds) Understanding chimpanzees. Harvard Univ Press, Cambridge, Mass., pp 134–145

Swartz KB, Evans S (1991) Not all chimpanzees *(Pan troglodytes)* show self-recognition. Primates 32:4483–496

Tabor GM, Johns AD, Kasenene JM (1990) Deciding the future of Uganda's tropical forests. Oryx 24:208–214

Terrace H, Pettito LA, Saunders RJ, Bever T (1979) Can an ape create a sentence? Science 206:891–902

Tilford BL, Nadler RD (1978) Male parental behavior in a captive group of lowland gorillas. Folia Primatol 29:218–228

Toft JD (1986) The pathoparasitology of nonhuman primates: a review. In: Benirschke K (ed) Primates: the road to self-sustaining populations. Springer, New York, pp 571–679

Tutin CEG, Fernandez M (1983) Gorillas feeding on termites in Gabon, West Africa. J Mammal 64:530–531

Tutin CEG, Fernandez M (1984) Nationwide census of gorilla *(Gorilla g. gorilla)* and chimpanzee *(Pan troglodytes troglodytes)* populations in Gabon. Amer J Primatol 6:313–336

Tutin CEG, Fernandez M (1985) Foods consumed by sympatric populations of *Gorilla gorilla gorilla* and *Pan troglodytes troglodytes* in Gabon: Some preliminary data. Int J Primatol 6:27–44

Tutin CEG, Fernandez M (1987) Sympatric gorillas and chimpanzees in Gabon. Anthroquest 37:3–6

Tutin CEG, Fernandez M (1991a) Responses of wild chimpanzees and gorillas to the arrival of primatologists: Behaviour observed during habituation. In: Box HO (ed) Primate responses to environmental change. Chapman & Hill, London, pp 187–197

Tutin C, Fernandez M (1991b) Station d'études des gorilles et chimpanzés, Réserve de la Lopé, Gabon. Gorilla Conserv News 5:5–6

Tutin C, Fernandez M, Williamson L, Rogers L (1990) Station d'études des gorilles et chimpanzés, Réserve de la Lopé. Nouv Conserv Gorilles 4:3–4

Tutin C, Fernandez M, Williamson EA, McGrew WC (1991a) Foraging profiles of sympatric lowland gorillas and chimpanzees in the Lopé Reserve, Gabon. Phil Transact Royal Soc London B 1270:179–186

Tutin CEG, Fernandez M, Rogers ME, Williamson EA (1992) A preliminary analysis of the social structure of lowland gorillas in the Lopé Reserve, Gabon. In: Itoigawa M, Sugiyama GP et al. (eds) Topics in Primatology Vol 2: Behavior, ecology and conservation. Univ Tokyo Press, Tokyo, pp 245–253

Tutin CEG, McGinnis RP (1981) Chimpanzee reproduction in the wild. In: Graham CE (ed) Reproductive biology of the great apes. Academic Press, New York, pp 239–264

Tutin CEG, Williamson EA, Rogers ME, Fernandez M (1991b) A case study of a plant-animal interaction: *Cola lizae* and lowland gorillas in the Lopé Reserve, Gabon. J trop Ecol 7:181–199

Tuttle RH (1969) Knuckle-walking and the problem of human origins. Science 166:953–961

Tuttle RH, Watts DP (1985) The positional behavior and adaptive complexes of *Pan gorilla*. In: Kondo S (ed) Primate locomotor behavior, morphophysiology, and bipedalism. Tokyo Univ Press, Tokyo, pp 261–288

Ueda S, Watanabe Y, Saitou N, Omoto K, Hayashida H, Miyata T, Hisajima H, Honjo T (1989) Nucleotide sequences of immunoglobulin-epsilon pseudogenes in man and apes and their phylogenetic relationships. J mol Biol 205:85–90

Vauclair J (1990) Primate cognition: From representation to language. In: Parker ST, Gibson KR (eds) »Language« and intelligence in monkeys and apes. Cambridge Univ Press, New York, pp 312–329

Vedder AL (1984) Movement patterns of a group of free-ranging mountain gorillas *(Gorilla gorilla beringei)* and their relation to food availability. Amer J Primatol 7:73–88

Vedder A (1989) In the hall of the mountain king. Anim Kingdom 92(3):30–43

Verschuren J (1975) Wildlife in Zaire. Oryx 13:25–33

Vogel C (1961) Zur systematischen Untergliederung der Gattung *Gorilla* anhand von Untersuchungen der Mandibel. Z Säugetierkd 26:65–76

Waal FBM de (1990) Sociosexual behavior used for tension regulation in all age and sex combination among bonobos. In: Feierman JR (ed) Pedophilia. Springer, New York, pp 378–393

Waal FBM de, Roosmalen A van (1979) Reconciliation and consolation among chimpanzees. Behav. Ecol Sociobiol 5:55–66

Watson LM (1984) Hormone levels and overt social behaviors, including signed output, in a captive lowland gorilla. Zoo Biol 3:285–306

Watts DP (1984) Composition and variability of mountain gorilla diets in the central Virungas. Amer J Primatol 7:323–356

Watts DP (1985a) Observations on the ontogeny of feeding behavior in mountain gorillas *(Gorilla gorilla beringei)*. Amer J Primatol 8:1–10

Watts DP (1985b) Relations between group size and composition and feeding competition in mountain gorilla groups. Anim Behav 33:72–85

Watts DP (1988) Environmental influences on mountain gorilla time budgets. Amer J Primatol 15:195–211

Watts DP (1989a) Ant eating behavior of mountain gorillas. Primates 30:121–125

Watts DP (1989b) Infanticide in mountain gorillas: New cases and a reconsideration of the evidence. Ethology 81:1–18

Watts DP (1990a) Ecology of gorillas and its relation to female transfer in mountain gorillas. Int J Primatol 11:21–45

Watts DP (1990b) Mountain gorilla life histories, reproductive competition, and sociosexual behavior and some implications for captive husbandry. Zoo Biol 9:185–200

Watts DP (1990c) Social relationships of immigrate female mountain gorillas. Amer J phys Anthropol 81:314–315

Watts DP (1991a) Mountain gorilla reproduction and sexual behavior. Amer J Primatol 24:211–225

Watts DP (1991b) Strategies of habitat use by mountain gorillas. Folia Primatol 56:1–16

Watts DP (1991c) Harassment of immigrant female mountain gorillas by resident females. Ethology 89:135–153

Weber AW, Vedder A (1983) Population dynamics of the Virunga gorillas *(Gorilla gorilla)*: 1959–1978. Biol Conserv 26:341–366

White FJ (1992) Activity budgets, feeding behavior, and habitat use of pygmy chimpanzees at Lomako, Zaire. Amer J Primatol 26:215–223

Williamson E (1989) Behavioural ecology of western lowland gorillas in Gabon. Primate Eye 38:29–30

Williamson EA, Tutin CEG, Fernandez M (1988) Western lowland gorillas feeding in streams and on savannas. Primate Rep 19:29–34

Williamson EA, Tutin CEG, Rogers EM, Fernandez M (1990) Composition of the diet of lowland gorillas at Lopé in Gabon. Amer J Primatol 21:265–277

Wilson JR (1987) The mountain gorilla project: Progress Report 7. Oryx 21:266–269

Wilson R (1984) The mountain gorilla project: Progress Report 6. Oryx 18:223–229

Wrangham RW (1992) Letter to IZCN, Zaire. Gorilla Conserv News 6:17–18

Wu FCW (1988) The biology of puberty. In: Diggory P, Potts M et al. (eds) Natural human fertility. Macmillan, London, pp 89–101

Yamagiwa J (1983) Diachronic changes in two eastern lowland gorilla groups *(Gorilla gorilla graueri)* in the Mt. Kahuzi region, Zaire. Primates 24:174–183

Yamagiwa J (1986) Activity rhythm and the ranging of a solitary male mountain gorilla *(Gorilla gorilla beringei)*. Primates 27:273–282

Yamagiwa J (1987a) Intra- and inter-group interactions of an all-male group of mountain gorillas *(Gorilla gorilla beringei)*. Primates 28:1–30

Yamagiwa J (1987b) Male life histories and the social structure of wild mountain gorillas *(Gorilla gorilla beringei)*. In: Kawano S, Connell JH et al. (eds) Evolution and coadaptation in biotic communities. Univ of Tokyo Press, Tokyo, pp 31–51

Yamagiwa J (1991) Research and conservation of eastern lowland gorillas. Gorilla Conserv News 5:16

Yamagiwa J (1992) Functional analysis of social staring behavior in an all-male group of mountain gorillas. Primates 33:523–544

Yamagiwa J, Maruhashi T, Yumoto T, Hamada Y, Mwanza T (1989a) Distribution and present status of primates in the Kivu district. Interspecies relationships of primates in the tropical and montane forests 1:11–21

Yamagiwa J, Maruhashi T, Yumoto T, Mwanza N (1989b) Une étude préliminaire des populations sympatriques de *Gorilla gorilla graueri* et *Pan troglodytes schweinfurthii* dans l'est du Zaire. Nouv Conserv Gorilles 3:14

Yamagiwa J, Maruhashi T, Yumoto T, Mwanza N (1989c) A preliminary study on sympatric populations of *Gorilla g. graueri* and *Pan t. schweinfurthii* in eastern Zaire. Interspecies relationships of primates in the tropical and montane forests 1:23–40

Yamagiwa J, Maruhashi T, Yumoto T, Mwanza N (1992a) Feeding ecology of sympatric populations of gorillas and chimpanzees in tropical and montane forests of eastern Zaire. Vortrag beim 14. Kongr Internat Primatol Ges, Straßburg

Yamagiwa J, Mwanza N, Spangenberg A, Maruhashi T, Yumoto T, Fischer A, Steinhauer-Burkart B (im Druck) A census of the eastern lowland gorillas in Kahuzi-Biega National Park

Yamagiwa J, Mwanza N, Yumoto T, Maruhashi T (1991) Ant eating by eastern lowland gorillas. Primates 32:247–253

Yamagiwa J Mwanza N, Yumoto T, Maruhashi T (1992c) Travel distances and food habits of eastern lowland gorillas: A comparative analysis. In: Itoigawa M, Sugiyama GP et al. (eds) Topics in Primatology Vol 2: Behavior, ecology and conservation. Univ of Tokyo Press, Tokyo, pp 267–281

Yamagiwa J, Mwanza N, Maruhashi T, Yumoto T (1992b) Ranging and dietary overlap between gorillas and chimpanzees in the Kahuzi-Biega National Park, Zaire. Vortrag beim 14. Kongr Internat Primatol Ges, Straßburg

Yerkes RM (1927) The mind of a gorilla, part I. Genetic Psychol Monogr 2:1–191

Yerkes RM (1928) The mind of a gorilla, part III. Comp Psychol
    Monogr 5(2):1–92
Yumoto T, Maruhashi T, Yamagiwa J, Mwanza N (1989) Fee-
    ding habit of primates in the tropical forests of eastern Za-
    ire. Interspecies relationships of primates in the tropical
    and montane forests 1:41–51
Yunis JJ, Prakash O (1982) The origin of man: a chromosomal
    picture legacy. Science 215:1525–1530

Abbildungsnachweis

1   Du Chaillu (1981)
3a–c, 11, 15, 18, 35   Jörg Hess
2, 4, 16, 38, 41, 42, 44a,b   Angela Meder
5   Schultz (1956); S. Karger AG, Basel
6   Schultz (1956); S. Karger AG, Basel, Schultz (1933);
        Schweizerbart'sche Verlagsbuchhandlung, Stuttgart
7, 8   Anthropologisches Institut, Universität Zürich
        Foto: Gerda Greuter
9   Angela Meder (nach Bützler 1980, Carroll 1988, Fay 1989,
        Fay et al. 1989, Hall u. Wathaut 1992, Harcourt et al. 1989,
        IUCN 1988, Mitani 1990, Mwanza u. Yamagiwa 1989,
        Oko 1991, Rogers et al. 1988, Sabater Pí 1981)
10   Karl-Heinz Kohnen
12, 14, 46–48   Klaus-Jürgen Sucker
13   Angela Meder (nach Anon. 1991b, Aveling u. Aveling 1989,
        Schaller 1963)
18   Angela Meder (nach Fay 1989, Jones u. Sabater Pí 1971,
        Oates et al. 1990, Schaller 1963, Yamagiwa 1989c)
19   Angela Meder (nach Yamagiwa 1987b)
20, 21–23, 25, 30, 37a–c, 39, 43   Angela Meder (Wilhelma
        Stuttgart)
24, 31, 34, 40, 45   Angela Meder (Appenheul, Appeldoorn)
26, 28, 29   Angela Meder Zoo Krefeld
27, 32, 36   Angela Meder Zoo Frankfurt
33   Angela Meder Zoo Zürich
37d   Archiv Zoo Wuppertal, Foto: D. Kranz

Springer-Verlag und Umwelt

Als internationaler wissenschaftlicher Verlag sind wir uns unserer besonderen Verpflichtung der Umwelt gegenüber bewußt und beziehen umweltorientierte Grundsätze in Unternehmensentscheidungen mit ein.

Von unseren Geschäftspartnern (Druckereien, Papierfabriken, Verpackungsherstellern usw.) verlangen wir, daß sie sowohl beim Herstellungsprozeß selbst als auch beim Einsatz der zur Verwendung kommenden Materialien ökologische Gesichtspunkte berücksichtigen.

Das für dieses Buch verwendete Papier ist aus chlorfrei bzw. chlorarm hergestelltem Zellstoff gefertigt und im ph-Wert neutral.